在路上，遇见心想事成的自己

吴龙 编著

南京出版传媒集团
南京出版社

图书在版编目（CIP）数据

在路上，遇见心想事成的自己/吴龙编著.—南京：南京出版社，2016.5
（悦读时光）
ISBN 978-7-5533-1278-1

Ⅰ.①在… Ⅱ.①吴… Ⅲ.①人生哲学－通俗读物
Ⅳ.①B821-49

中国版本图书馆CIP数据核字（2016）第066258号

在路上，遇见心想事成的自己

书　　名：在路上，遇见心想事成的自己
作　　者：吴　龙
出版发行：南京出版传媒集团　南京出版社
　　社　　址：南京市太平门街53号　　邮　　编：210016
　　网　　址：http://www.njcbs.cn　　电子信箱：njcbs1988@163.com
　　淘宝网店：http://njpress.taobao.com　天猫网店：http://njcbcmjtts.tmall.com
　　联系电话：025-83283893、83283864（营销）025-83112257（编务）

出 版 人：朱同芳
出 品 人：卢海鸣
责任编辑：章安宁　金　欣
责任印制：杨福彬

印　　刷：北京佳诚信缘彩印有限公司
开　　本：787毫米×1092毫米　1/32
印　　张：8
字　　数：160千字
版　　次：2016年5月第1版
印　　次：2017年4月第2次印刷
书　　号：ISBN 978-7-5533-1278-1
定　　价：18.00元

营销分类：励志

前言 Foreword

曾几何时，我们总在感叹时光如流水，一去不复返，却悄无声息；曾几何时，我们总在感慨工作繁重忙碌，匆匆忙忙，没有充足的时间让自己去享受生活；曾几何时，我们常常低下头来静思冥想，走过的道路有多少成功多少失败，努力的付出背后究竟得到了什么；又曾几何时，我们抬起头极目远视，面对远方和未来，我们还有多少迷茫和困惑，无人能解，等等。

心中的苦闷和惆怅，脑中的疑惑和混沌，身体的无力和困乏，我们仿佛进入了一场梦魇，掉进了黑暗的洞窟，在无数次的狂奔和碰撞之后，在与黑暗和心魔不懈地厮打和斗争之后，身心疲惫，残喘呻吟，不知道自己还能不能重见光明，走出这无情无尽无垠的“黑色陷阱”。

其实，有些时候，真实的情景和生活并不像我们想象的那样糟糕。之所以会进入或者幻想进入“黑色陷阱”，完全是因为自己没能认清生活，没能清晰地解剖自我、看透自我，在以迷茫和困惑为主旋律的时代，丢失了自我。

每个生命的都是积极、善良的个体，只要我们用一颗乐观、真诚、进取向上的心去对待生活，即使生活再“残酷无情”，也会被我们的勇敢、真挚、阳光、坚毅所感化，送给我们一个健康而幸运的自我。

请相信，一个心想事成的自己就在不远的前方等你！

目录 Contents

Part01

Part02

Part03

大智若愚，绝境逢生 / 135

Part04

遇见一个美好的自己 / 193

人还是要有远大理想的，
怎么能因为眼前的蛋糕而满足。

站在巨人的肩上，
可谓高处不胜寒，
但毕竟能看见远方。

在对的时间和场合，
勇敢地秀出自己，
是一件十分美好的事情。

默默地耕耘和工作，
总会得到上天赐予的收获和惊喜。

用健康而乐观的心态去面对众生，
生活会变得快乐无比。

有时需要从喧闹不安的社会中抽离出来，
静下心来，思考、冥想。

鼓励自己，
做自己从未做过的事情，
勇敢且坚毅。

放下颜面和尊严，
在困难时向别人发出求助，
不是什么丢人的事情。

懂得合作和分享，
众志成城，
才能心想事成。

梦想还是要有的，
万一实现了呢。
给自己加油！

一个有爱心、有耐心且美好的自己，
是每个人想要的。

面对纷杂的现实，
能在人云亦云中表达出不同，
是很难得的。

现实陷阱太多，
清醒地躲开道路上的障碍和雷区，
离成功就会越来越近。

给点儿甜头儿，
用点儿手段，
不是使坏，
而是让彼此离目标无限地接近。

Part 01

人生，需要用心来经营

人生的舞台绚丽斑斓，人生的舞台无常百变，想要走向成功的舞台，切莫小视学会经营人生。从何开始，从何入手，用心为先，力量无边。

01

不要把自己的厌恶强加于他人

设身处地为他人着想，不为了自己的利益损害他人的利益，这是一种品德。自己不想要的，不去强加给别人，这是一种素质也是一种品德。也许人的本性是自私的，但如果能克服这种自私，学好为人处世，那么人生的道路会更加宽敞好走。同时，这也是一种需要学习的做人的智慧。

“己所不欲，勿施于人。”这句话来源于这样一个故事：据说春秋时期晋国有一个名叫李离的狱官，生性耿直，从不贪污受贿，也很有头脑，因此很少判过冤假错案。有一次，他在审理一件案子时，有个下属自以为是，以偏概全，最后李离听信他一面之词，错判了嫌疑犯死罪。

水落石出后，李离悲痛万分，准备以死赎罪。晋文公知道这件事后对他说：“官有贵贱，罚有轻重，是下属不得力，你罪不至死啊！”这时，李离回复了一段话：“我从没有跟下属们一起当官，一起拿俸禄。不能因为现在犯了错误，就把责任推到下面的办事人员身上。不然，我心里怎么过得去？”晋文公的劝说并没有让他回头——李离伏剑而死。

也许现在看来，李离要不要选择以死谢罪，是个备受争议的话题。但他的思想无疑是做人的一个原则，也是一种境界。“己所不欲，勿施于人”，从字面上解释为不要因为自己不想要而把它推给他人。具体一点，便是不要把发生在自己身上的不幸、灾难、霉运转嫁给他人。只有这样，我们的生活才会更加美好。其实，这应该成为每个人的人生信条，一起去努力践行。罗斯福任海军部长助理时，曾发生过这样一件事。

一天，一个多年不见的好友突然过来见他，相互寒暄过后才知道，这位好友目前是军事新闻记者，来这边最主要的目的就是采访他。

当他的朋友问及最近美军是否将在加勒比海的某岛建基地时，罗斯福并没有作答。好友有些着急，说：“你不用告诉我具体信息，只要你告诉我外面的传闻是否确有其事就行。”

由于这个消息在当时不便公开，但考虑到不好拒绝，罗斯福想了会儿，又认真地看了看周围，压低嗓音对好友说道：“这个消息涉及机密，你能为我保守秘密吗？”

好友很兴奋地说：“当然能。”

罗斯福微笑说：“很好，我也能。”

从这样的一件小事中，我们能看到聪明的罗斯福回答得十分巧妙——一方面没有泄露机密，另一方面也没有得罪朋友。与此同时，我们也从中发现了罗斯福为人处世的智慧，但最值得推敲的应该是那他的那句“很好，我也能”。

表面上，这是一句很简单的口语，事实上，它包含了一种“己所不欲，勿施于人”的精神。罗斯福知道当面拒绝肯定会让朋友难堪，这是在设身处地为对方着想。因此，他选择了反其道而行，最后让朋友很轻易地接受了他的观点。

自己不愿做的事情，不要去强求别人，这样不仅是对别人的一种尊重，也是一种处世技巧。

生活中，倘若人人都能做到“己所不欲，勿施于人”，那么人与人之间将更加和谐。当心里积满了怨气、怒火、不快的时候，发泄在别人身上，甚至辱骂别人是不可取的，这不仅影响人际关系，也会让别人陷入不快。这个时候应该想到，别人希望看到的是你的笑容，而不是你的臭脾气，你也没有理由板着脸给别人看。

职场上，无论你是员工还是上司，都要牢记“己所不欲，勿施于人”。职场上有太多的利害关系，稍有不慎，就可能走错路。如果始终保持一颗善良的心，将心比心，不以善小而不为，不以恶小而为之，那么成为职场达人便指日可待。

对于爱情，有人曾说过这样一番话：“对待爱你的人一定要尊重，爱你是有原因的，不要问为什么，接受的同时要用加倍的关爱回报，但是千万不要欺骗他人的感情，哪怕你对他人没兴趣，哪怕他人长得丑一点儿。轻视他人付出的情感就等于蔑视自己，玩物丧志，玩人丧德，爱人是一种美德。”

是的，没有谁愿意被欺骗，我们应该从自身做起，不去欺骗他人，玩弄感情，这样才容易收获幸福。

有一户穷人家，家里只有一个寡妇和两个小孩子，寡妇为了照料家里，无法去外面打工，只好以捡废品为生。

后来，隔壁搬来了一个外表看上去时尚新潮的单身女子。她了解到自己的邻居是一户以捡破烂为生的穷人家后，常常避而远之，不和他们打交道。

日子像是一杯平淡的开水，在举手投足间匆匆逝去。

半年很快就过去了，不过单身女子仍然不放心这户穷人家，每次出门都要一而再，再而三地确认门是否锁好，窗户有没有关好。尤其是看到两个穿着脏衣服到处跑动的小孩，她的心里异常反感。

一天，单身女子在回家的路上感到口渴难耐，于是买了瓶矿泉水，喝了两口，打算扔到垃圾桶里。

这时，隔壁家的小孩突然跑了过来："姐姐，你能把矿泉水瓶给我吗？"

单身女子愣了一下，心想，肯定是想拿矿泉水瓶去换钱，穷人家的孩子就知道占小便宜。于是直接把矿泉水瓶扔到了垃圾桶里。

小孩只好从垃圾桶里把矿泉水瓶拿出来，看着小孩佝偻的背影，单身女子觉得他们活该。

晚上，突然停电了，整个小区像是陷入一个巨大的黑洞中，所有的光亮都像被吸附进去了一般消失了。

单身女子赶紧点起了蜡烛，视野重新恢复正常。没过一会儿，听到了有些急促的敲门声。

打开后才发现是隔壁穷人家的小孩子，只见他憋红了脸说道："姐姐，你家有蜡烛吗？"

女子心想：他们家肯定是穷得蜡烛也买不起，过来讨蜡烛的，于是假装客气地说："没有啊。"正准备关门，那个小孩又说话了："姐姐，你确定你家没有蜡烛吗？"

女子心想，这还赖上我了不成，如果不给他点颜色，他是不会离开的，于是朝穷人家的小孩吼道："说了没有就没有。"

小孩被吓坏了，脸色无比紧张，他恢复了一下后立即露出一个灿烂的笑容："我就知道你家一定没有！"说完便从怀里掏出两根蜡烛，继续说："妈妈怕你一个人住没蜡烛，于是让我给你送来两根蜡烛。"

此女子听后立即羞愧无比，同时也被眼前小孩的善良感动得热泪盈眶，不禁紧紧地抱住了他。

是的，这个故事有点儿以小人之心度君子之腹的意味，试想，谁愿意被猜疑呢？女子的做法实属不应该。

"己所不欲，勿施于人"，是一种难能可贵的美德。它并不是多么高端的做人技巧，而是实实在在的处世宝典，没有这项美德的人，在哪儿都会受到挤兑，交不到朋友；拥有这项美德的人，在哪里都能如沐春风。

用对的方法做对的事情很舒服

经营人生是一种智慧，需要对自己的人生进行合理地规划，并不断根据外部环境进行调整。人生避免不了为人处世。为人处世是一门学问，坏的处世方式会让人陷入困境，好的处世方式则会给人带去成功。

约翰15岁那年，父亲患病离开，母亲只好带着他和两个妹妹投靠罗马的亲戚。

约翰父亲在的时候，家里很富裕，约翰成天无忧无虑地玩。而现在，亲戚家经济条件一般，安顿了约翰一家后，连给约翰上学的钱都没有了，这让亲戚有些苦恼。

母亲只好让约翰去酒店做服务员，赚取自己所需的学费。约翰很想继续上学，于是他就去做了服务员，每天放学后都是在兼职中度过的。

不料，没过几天，约翰便对母亲说他再也不想做服务员了。母亲看着他气愤的样子，知道肯定发生了什么事，于是问他为什么不愿做服务员。他很委屈地告诉母亲，他在工作的时候不小心把汤洒到一个顾客身上了，这个粗鲁的顾客揍了他一顿，不仅如此，连经理也狠狠地批评了他一番，并警告他再出现这样的错误就开除他。因此，约翰再次向母亲说自己不愿意去酒店，这是一个侮辱自己的地方。

不过，母亲并没有因为约翰的经历而同情他，相反，她很严厉地批评了他。约翰感觉更委屈了，连母亲都不愿意为他打抱不平。母亲继续说道："约翰，你知道吗？也许对你来说，这就是一次工作上的失误，但对别人来说，你可能毁了别人的一件衣服。你说人家能不生气吗？"

约翰只得按照母亲的意思继续去酒店上班。这些天，每天都是煎熬。对于从小就过惯富裕生活的他来说，服务员是一个再低贱不过的职业，如果不是生活所迫，他怎么会愿意来做服务员呢？

一天，就在约翰忙得焦头烂额的时候，他发现母亲居然来了。就在他想上前的时候，母亲用手势示意要他装作不认识，继续做自己的事情。

过了会儿，他要为母亲服务，母亲轻声地告诉他要像对待别人一样对待她。约翰表现得相当混乱和笨拙，结果不小心，把桌上的酒杯碰倒了。

母亲十分气愤："我看你做服务员的样子好像是做贼，怎么？你觉得做服务员很丢人吗？你根本就没有把你的工作做好。"说完，母亲端起手中的酒杯，把酒泼到了约翰脸上，头也不回地走了。

等约翰下班回到家后，母亲觉得自己白天做得有些过分，拥抱了下他，并向他道歉。母亲说："孩子，对不起，是我做得太过分了。不过，你也必须珍惜你的职业啊，不能看轻自己的工作，你应该要像个国王一样工作。"

约翰很不解地对母亲说："但我只是一个低微的服务员，怎么可能像国王一样工作？"

母亲并没有和约翰争论下去，而是要求约翰改变自己的态度，在心里觉得自己像一个国王，重新开始自己的工作。

果然，没过几天，约翰的工作态度就转变了许多。他变得热情，不再犯低级错误，也不再认为服务员是一份很低贱的职业。当然，他的优质服务也得到了当地很多人的认可，人们似乎愿意和他成为朋友，就连走在大街上都会和他打招呼。

后来，年轻的约翰凭借自己的努力，真的开办了自己的酒店，成了餐饮业的国王。

经营人生，需要我们像成功人士一样规划自己的未来，不要因为自己暂时的卑微而自卑，这样只会束缚自己的行动。

而关于处世，则需要处处小心，切记不可锋芒毕露。

公元前613年，楚庄王即位。但是这个君主日夜沉浸在田猎游乐与酒色歌舞之中，即位三年从不过问朝政。不仅如此，他还不许朝中的大臣进谏。为了使自己的生活逍遥自在，楚庄王曾规定："有敢向我进谏者，斩无赦。"朝中的大臣见他这样下令，就是有话想说，也不敢向他提起，三年的时间也很少有人进谏。就这样朝政日渐紊乱，朝中大夫伍举实在看不下去了，自己身为朝中命官却眼睁睁地看着朝政日益腐败，于是就冒死进宫去见楚王。到了皇宫，只见楚王左抱郑姬，右搂越女，周围排列乐队，正在听歌观舞，一点儿大王的样子也没有。楚庄王还笑着问伍举："你是来喝酒的，还是来观舞听歌的？"伍举回答说："都不是。微臣有件事不明白，特来请教大王。臣听说，这附近树林之中有只美丽的大鸟，三年不飞，也不叫，微臣实在不知这是一只什么鸟？"楚庄王听他这么一说立即明白过来，于是就对他说："这不是一只普通的鸟。三年不飞，飞时必会冲天；三年不叫，叫时必会惊人。朕知道你的意思了，你就先下去吧。"

就这样一连过了几个月，楚庄王的生活更加荒淫无度了，不仅自己不理朝政，还增加了许多不良的习惯。这时候大夫苏从见伍举的劝说并没有达到什么效果，于是又入宫进谏。这一次，楚庄王见又有人来劝谏自己，大怒道："你没有听到我的戒令，还是我说话没用了？"

这时苏从急忙回答说："大王整天不理朝政，这样下去早晚会危及国家和百姓啊！我身居高位，如果不敢指出君主的过失，那就是对君主的不忠。倘若杀身可以明君，那也就是我的愿望了。"

楚庄王听了他的一番话后，幡然醒悟，立即命令撤去歌舞，临朝听政。

楚庄王把在这三年中贪赃枉法、营私舞弊的人清除、罢官或者处死，把忠于职守、清正廉明的人提拔重用，还任命伍举和苏从来主持国政，管理朝中大小事情。就这样，楚庄王亲政后，善举接连不断，百姓安居乐业。公元前609年，楚庄王兴兵灭庸；公元前608年起兵攻宋，取得胜利，还缴获战车五百乘。楚国的势力就这样强大起来，经济也迅速发展起来，开始走向外扩张的道路。

楚庄王“不鸣则已，一鸣惊人”的故事说明凡事都不能操之过急。在部下不愿服从自己的情况下，就可以选择先放纵他们。而楚庄王的大臣伍举和苏从在自己成竹在胸、腹有宏图的情况下，来劝谏楚庄王亲理朝政，使楚庄王幡然悔悟，戒掉不良习惯亲理朝政。最后楚庄王成为诸侯的新一代盟主，还成为历史上著名的“春秋五霸”之一。

今天，不论在何种领域，要注意屈伸有度，但同时也不可操之过急，以免导致欲速则不达的情况。无论做什么事情都要注意自己的言行，真正做到“失意莫失志，屈伸有度”的境界，坚定自己的目标，从而走向成功。

另外，“狡兔死，走狗烹”的例子从古至今多得数不胜数，锋芒毕露最常见的结局就是惨死，并且死无葬身之地。功高盖主而惹祸上身的例子数不尽数，历代豪杰打江山时，聚集天下各路英雄，能耐都很大。打江山者当然需要借这些英雄的才能来实现自己霸图天下的野心。当然，打江山者喜欢和倚重的是那些有能力、能办事的人，但有朝一日天下到手，需要的就是集中权力治理天下了。可是身边的猛将们的才华不会随之消失，威望与锋芒还在熠熠生辉，他们这些才能就成了已经打下的江山，成为皇帝的人的心病。皇帝天天都感到危机的存在。因此，君主在开国之初残杀往日功臣之事屡见不鲜。正所谓“自古美人如名将，不许人间见白头”。

众多开国之君的此等做法就是所谓的“卸磨杀驴”。然而，这“驴”是不是真的要杀？

其实，“驴”并非非杀不可的，但是，假如你的“磨”拉得太好，好到每个人都“羡慕”你的时候，这“磨”就不该你“拉”了，如果不杀，谁都不敢保证会不会有朝一日你要把“磨”抢过去“拉”呢？尤其是功高盖主，又没有适时地掩盖锋芒的人，性命更岌岌可危。历史上出现过许多次这种情况，比如韩信被杀、明太祖火烧庆功楼等。

锋芒毕露虽容易取得成功，但也容易自掘坟墓。甚至可以这么说，当你肆无忌惮地施展自己的才华的同时就埋下了危机的种子，因此，才华的显露一定要适可而止。尤其是获取了成就之后，要做一个有才而不露、得志而不显的人并不是一件简单的事情，应用“狡兔死，走狗烹”的例子提醒自己。

在残酷的竞争中，要做到时时注意局势，以及注意自己所处的位置和应有的姿态。还要记住，不管到了什么时候，做事都不可张狂，更不可咄咄逼人，面对鲜花与荣耀，要做到谦虚让人。只有这样，才能在人生的每个阶段都能保持“花开一半，酒喝一半”的状态。

微笑让交流有了温度

微笑是件很简单的事情，谁都可以做到。但面对艰难险阻时，很多人往往会忘了微笑。从很多成功人士的案例中，我们不难发现，善于微笑的人往往更懂得处理各种复杂的问题或者人际关系。此外，学会微笑待人，也是为人处世的一门技巧，它可以让我们拥有更多的朋友和人脉，离成功更近一步。

为人处世，讲究一个“和”字。对待身边的人，微笑往往是一种力量。

玫琳凯是美国家喻户晓的女企业家，由她掌管的企业每年的销售额在全美名列前茅，而她本人也数次被评为“最具亲和力CEO”。

在公司内部，下属们都亲切地称她为“心灵导师”。她日常生活或者上班时最多的一个表情就是微笑，总让人感觉热情无比。

玫琳凯很喜欢微笑，很少大发雷霆，就算员工犯了大错，她都是微笑着批评。她常常要求员工保持笑容，因为笑容可以带给人一份愉快的心情，还能鼓舞士气，帮助员工更加认真地投入所做的工作当中，激发工作所需的热情。

在学习方面，她处处起带头作用。公司为推销员开展培训课，她就现身说法，以个人经历向推销员讲述自己的成功经验。她给推销员们推荐的书籍，例如皮尔博士的《积极思考的力量》、成功学大师希尔的《动脑致富》等，自己事先都会看上几遍，这样跟学员交流起来更有针对性。

虽然玫琳凯被员工亲切地称为“心灵导师”，但她并没有因此而自高自大、高高在上，相反，她还是保持着清醒的态度，微笑待人。

她认为，在顺境中保持微笑很容易，但逆境袭来时，保持微笑那将是一件困难的事情。如果一个人在逆境中也能做到用微笑感染别人，那么，这样的人将是无往不胜的，而她也是按照这样的原则要求自己。

有一次，玫琳凯召开新产品销售动员大会。为确保大会能达到一个较好的效果，她特意从外地请来了一位著名的演说家。但这位演说家却迟到了，玫琳凯只好临时安排别人先上去演讲。

玫琳凯一边应付这边的大会，一边联系那位演说家。原来，演说家的航班出现了状况，刚刚调整好，现正在飞往公司的途中。过了一段时间，演说家抵达动员大会现场，玫琳凯急忙迎上前去，但演说家却说："给我找一个房间，我要先做一下热身。"

这下把玫琳凯弄糊涂了，心想："这家伙葫芦里卖的是什么药？"但疑惑归疑惑，她还是答应了他的要求，给他找了个房间。玫琳·凯原以为他只是休息一下，谁料想，这位演说家又是蹦跳，又是喊叫，还用力拍打面颊，一直折腾了好一会儿才停止。演说家准备完毕之后，走上台去，面带微笑，做了一番激情澎湃的演讲。

会后，看着玫琳凯好奇的目光，演说家主动向她解释了自己先前怪异的行为。

他说："我的目的是要用热情和微笑感染别人，如果自己一点儿都不兴奋，也没有微笑，又怎能做到感染别人呢？上午我坐了半天的飞机，已经筋疲力尽，再加上航班延误，我的心情受到了很大影响。所以，在演讲之前，我必须借助一些外力来使自己的情绪高昂起来。"

玫琳凯大受启发，她也由此对微笑有了更深刻的理解。

在玫琳凯不懈的努力下，她的事业一步步走向成熟。就在前不久，她名下的玫琳·凯化妆品公司营业额已经达到了6亿美元。而更令人称奇的是，公司内部年薪超5万美元的人竟有17万名，这比其他任何一家美国公司都要多。

微笑的人总是易于受到人们的欢迎。著名的大文豪爱默生曾经说："微笑是能量，没有微笑，任何伟大的事情都不能完成。"

对普通人来说，微笑能带给周围人不一样的感染力。著名形象设计师英格丽认为，微笑在社交和工作中有着强烈的感染和吸引别人的力量，每一个职场人士都不应忽视微笑的作用。微笑与否决定着你是否能最大限度地感染别人，得到他们的认可。

不仅如此，微笑还是为人处世的一门技巧，它可以让原本互相猜忌的两个人感受到对方的真诚，开始信任彼此；也能让陌生的两个人一下子拉近距离。

当然，在面对尴尬或者不想提及的事情时，微笑也是一种好的回答方式。总之，微笑的作用是无穷的。

上帝创造了人类，并赋予我们一张可以微笑的脸，那么就应该多微笑。在生活中，微笑可以帮助人变得更加乐观，面对不幸的时候表现出更多正能量的东西。

在为人处世上，微笑可以让彼此感受到真诚，从而坦诚以待，成为人与人相处的润滑剂。

除此之外，微笑的人看起来也很美、很自信，毕竟，笑容是世界上最美好的东西之一，不是吗？

因此，学会微笑，不仅是让自己变得自信的开始，也是学会处世的第一步。

柔和的你，也需要犀利地出击

人生于世，机会难能可贵，真正能活得更好的人，往往是那些果断去抓住机会、实现梦想的人。是的，机会十分宝贵，稍纵即逝，如果不能果断出击，再好的机会也会失之交臂，与其日后抱怨时运不济，倒不如立即下手，努力地做当下该做的事情，让所有的汗水都得到收获。

对于在向人生巅峰攀登的我们来说，机会就是稍纵即逝的“流动资源”，在路上的我们只有眼界开阔、嗅觉敏锐，才能辨识机会，把握机会，抓住并用好机会。机会对于每一个想要成功的人来说都是一个十分有利的条件，但是，往往有一些人在有机会的时候，还不能达到自己的目的。其实主要的原因就在于，没有充分地利用好机会，不会将机会巧妙地转化为成功。对于机会的把握和运用是非常关键的，如果你不会将自己所有的机会转变为成功的话，那么即使你有机会，也不会达成你所想的目标。所以机会对于我们来说很重要，利用机会对于我们来说更加重要。

随着社会的不断发展，竞争也越来越激烈，甚至有时候还会很残酷。在认清这一点之后，你就知道在走向成功的路途中要有一套自己的方法和计策。我们在必要的时候要学会使用见机行事、将计就计等方法，在自己有机会的时候还要会利用机会，才能顺利地走向成功之路。

每当经过商场的时候，总会听到这样一句话："机不可失，失不再来。"细想一下，人生在世也是这个道理。有的人对千载难逢的机会熟视无睹，最后一事无成；有的人看起来不起眼，但他在机会面前却能果断抓住机会，用实际行动去证明自己，笑到了最后。

是的，成功不仅需要超乎常人的勤奋以及坚强的意志力，还需要一种赢取先机的果断。这种果断让人生出现无限可能，激发人的潜力，在新的挑战中绽放自我。

美国混合保险公司的创始人史东谈起自己的成功时说："推销没有秘诀，成功没有捷径。每当我有一个新奇的想法时，总是想第一时间行动起来，为实现它而努力。"

有一次，史东听说另一家保险公司由于经营困难，准备折价出售，于是就想把它拿下。

他找到自己的顾问团队说："帮我拿下它。"

其中一个顾问立即说："我知道这家保险公司最大的股东是巴尔的摩商业信用公司，我们或许可以不用花一分钱，就把它拿下。"

有的人说：“你疯了吧？有谁不花一分钱就能买到一家保险公司？”

那个顾问说：“我只是说有这种可能性。”

“那你准备用什么方法？”史东发话了，他的好奇心也被调动起来。

顾问继续说：“巴尔的摩商业信用公司本身的业务就是放贷，我们可以利用它的贷款买下它的保险公司。”

“这不可能，哪有借钱给对方，好让对方买下自己的东西呢？”有个顾问很不同意这个想法，和他争辩起来。

这时，史东说：“为什么我们不马上行动呢？只有行动才能验证我们的想法到底是好是坏。”于是史东带着自己的团队来到了巴尔的摩商业信用公司。

对方听到史东说要不花一分钱购买自己的公司，简直不敢相信自己的耳朵。史东解释道：“这是一笔双赢的买卖。我得到一家公司，你们丢掉一个包袱，并且还给你们一大笔利息。何况，事实会证明你们这笔贷款将成为你们最优良的资产之一。”

巴尔的摩商业信用公司听完史东的解释，觉得言之有理，于是派人对史东的公司进行调查。调查结果表明，史东的公司在保险业有着良好的信誉与经营前景。最后巴尔的摩信用公司还真同意了史东的提议：借钱给史东，让史东购买自己的公司。

无论什么场合，许多人都是非要等到计划做到万无一失的时候才愿意开始行动。不过这个时候，万一被别人抢先了一步呢？如果有人比史东团队更先想到这个行动，那么，这块肥肉就会落入他人之口。

果断也是一种智慧，它让无数的机会变成可能，也让人生变得更加精彩。

以前有这样一个人，他的童年命运多舛，最严重的一次就是患了一场大病，命虽保住了，下肢却瘫痪成疾。这对他来说，是个不小的打击。

在他中学毕业后，家里人在邮局给他找了一份可以坐着不动的工作，工作相当清闲，几乎没什么事干，更不用提什么工作压力了。工资及各种福利待遇都不错，甚至比得上班上许多混得不错的同学。就这样，他在这个岗位上做了三年。

按理说，像他这样一个重残的人，有这样一份这样安稳有保障的工作，应该感到十分满足，并一直做下去。再说，他许多身体健康的同学，都还在为谋一份职业而四处奔波。不过他却打算辞职，因为他讨厌在邮局上班，觉得周围人群的眼光中，流露出的是同情、怜悯还有不屑。这让他的自尊心在这种目光中一次次被刺伤。后来，父亲知道这个消息后前去说服他别辞职，但他依然坚持自己的意见。

一次偶然的机会，他发现书的市场不错，于是毅然辞职开了一间小书店，不过还没半年的时间，因为城市改造房屋拆迁而不得不关门。经历这件事情后，他并没有放弃，又与人合办了一家小印刷厂，希望可以做大这份小事业。可惜，事与愿违，就在小印刷厂开得如火如荼的时候，合伙人背信弃义，维持了一年多的小印刷厂也宣布倒闭。

这下他总该放弃了吧？不，他没有放弃，尽管遭遇了两次失败的经商，他依然渴望成功。为了不让他走错路，这时他的父母和朋友们纷纷劝他，告诉他作为一个残疾人，有一份正常的工作就非常好了，瞎折腾到最后只会是失败。说得更露骨的是，多少四肢健全的人还被现实碰得头破血流呢！你还是老老实实回邮局上班算了。

大家劝说了很久，他也没有回头的打算，后来他抓住开饭店的机会，重新创业。这次他吸取前两次失败的教训，一年时间过去了，看似很小的饭店竟赢利两万多元，这对他来说是个好消息，于是他又开了两家连锁店。

转眼间，10年又过去了，他不仅在自己的城市开了许多连锁店，还不断在周边的大小城市开起连锁店，希望把饭店事业做得更大。

后来，到了结婚的年龄，他娶了一个漂亮能干的姑娘，令许多人羡慕不已。

有人问他："你这样瞎折腾，最后居然获得了成功，靠的是什么呢？"

他微笑道："人生就像一个框，如果你觉得自己只有这种程度，甘愿束缚在框里，那么永远没有出路。如果你果断地抛弃这个束缚框，抓住机会，那么成功便会向你招手。"

从他成功的历程不难看出，最重要的并不是超乎常人的智慧或者努力，而是赢取先机。然而，想要赢取先机，就必须果断。当然，这种果断与武断是有区别的。前者是经过深思熟虑，有值得一试的理由才动手去做；后者则是莽夫之勇，毫无价值可言。

因此，想要活得有滋有味，学会果断赢先机是一种必备良药。

施乐公司在1976年以前一直保持着对世界复印机市场的垄断地位。然而从1976年起，这家已经有近半个世纪历史的公司开始遇到了全方位的挑战，一些新兴的复印机公司，特别是日本竞争者，如佳能、NEC等，以施乐公司产品的成本价销售自己的产品，却还能够从中获利；尽管它们的开发人员比施乐少一半，但是它们的产品开发周期却比施乐短很多。施乐面临的问题是：他们的市场份额已经大幅度下降了，从以前的82%降到了35%。

施乐公司在这种残酷的局面下，决定低下高昂了几十年的“头”，发起“向日本企业学习”的运动。

施乐公司的高层让企业的管理人员，通过全方位的集中分析比较，弄清了这些新兴公司的运作机理，找出自己和这些主要对手之间的差距。而在战略方面，从生产成本、时间周期、营销成本、零售价格等领域入手，并且全面调整经营战略、战术，改进业务流程。

在运营层面，在提高交付订货的工作水平和处理低值货品浪费等问题上，向交付速度比施乐快3倍的比恩公司学习，并选择14个经营同类产品的公司逐一考察，终于找出了问题的症结，并积极采取措施，在很短的时间内使仓储成本下降了10%，这样一来，每年节省仓储费用数千万美元。很快，施乐公司做的努力收到了成效，失去的市场份额开始逐渐地收回。

识时务，并不是一句空洞的口号，而是要在残酷的竞争中努力朝着对自己有利的方向靠拢。果断抉择，并且不断学习。施乐公司和美孚公司在这方面都做得十分出色，它们就对方的战略着重点、管理、运营等诸多方面的成功经验加以借鉴学习，从而改善产品、服务和工作流程等。

面对竞争者，它们并没有采取回避或退却的态度，而是在认清形势的情况下明确与直接竞争者相比的优势和劣势，进而提出并实施改进方案，最终的目的是超过它们。审时度势，权衡利弊，社会原本就是弱肉强食的状态；认清形势，识时务者才能生存，才能有出路。

“善攻者动于九天之上”这句话出自战国著名军事家孙武。他认为，用兵作战，首先要创造自身不可战胜的条件，然后耐心寻找战胜对手的机会。只有保证自己不被对手战胜，才可能拥有战场的主导权，至于能否战胜对手，那就在于对手是否给自己可乘之机。

如果对手不给自己机会呢？

孙武认为，最好的办法就是耐心等待，直到机会出现。因此，胜利的先决条件是首先做到牢固防守并深深隐藏自己的实力，让对手无从了解自己一方的真实战斗力，这样才能在发动进攻时让对手措手不及，惊慌失措，从而做到以微小代价获得全胜。

孙武因此总结说，打胜仗的军队总是在具备了必胜的条件之后才交战；打败仗的部队则总是先交战，企图以侥幸取胜。

机会之所以珍贵，是因为它只出现一次，而那一次，如果你没有把握它，你就与未来失之交臂。

在非洲的西部，有一群很喜欢读书的孩子，可惜家里太穷，根本上不起学，而且最近的学校离他们村也有几百里，所以他们基本上都是靠自学认字看书。

有一天，他们一起在树下看书碰到几个美国来的游客，于是热情地招待了他们。这些游客拿出一些书发给大家，并告诉他们，想要得到更好的教育，就要去美国读大学。

小伙伴们拿到书后爱不释手，都很开心，于是围在一起商量去美国，因为那里有最好的学校。

大家都说好，不过那时候年龄小，童言无忌，根本没有谁当真。有大人听到了他们的想法，不由得笑了。他们说："美国太远了，中间还隔着大海，你们一点儿钱也没有，怎么去呢？"

其中有个小孩特别失落，他不想一辈子都在这里度过，想要去追寻求学的梦想。

16岁那年，他告别了父母，随身带着几件破烂衣服、少量食物以及几本书就出发了。旅途的艰辛自不待言，他用了一年多的时间才走到乌干达首都坎帕拉，期间还大病一场，差点丧命。到坎帕拉后，他稍事休息，找了份工作，挣了些钱，抽空去图书馆看书。后来他又给华盛顿佛农山区的斯卡吉特峡谷学院写信申请全额奖学金。斯卡吉特峡谷学院招生办主人看完信后，被深深感动，马上寄出了回信，他们不但为他提供全额奖学金，还准备为他提供一份工作，以保证他能顺利完成学业。

后来，美国政府也破例为他解决了护照和签证问题，历经两年多艰辛，他终于来到了华盛顿，来到了斯卡吉特峡谷学院。他成功了。

而当年那些和他有着同样梦想的伙伴们，看到他成功后，纷纷进行仿效，背着包想去美国念书。但美国政府自始至终不愿意再破例为这些孩子们解决护照和签证问题。

因此，想要成功，不仅需要坚强的意志以及非凡的勤奋，还需要有一种先下手为强的理念。机不可失，时不再来，男孩正是因为很珍惜这次机会，迫不及待地去实现它，才使得自己的梦想得以实现。

一位美国房地产商新建了一幢大楼，各方面条件都不错，可是由于楼房广告没有新意，很快淹没在各种广告的海洋中。这幢大楼没有引起大众的注意，销售状况很不理想。正在房地产商为楼房的销售问题大伤脑筋的时候，一天，守楼的人员过来报告："有一大群鸽子飞进了大楼，在一些空房子里住了下来。”请求派人协助把鸽子赶走。

房地产商听到这个消息，灵机一动，立即命令不得惊动这群鸽子。他利用这群鸽子在这座楼上大做广告。首先请了动物保护协会协助捕鸽，然后又通知电台、电视台、报社等新闻单位，让他们知道动物保护协会准备捕捉大楼中的鸽群这个事件，并借助这件事为自己的大楼做宣传。

捕鸽行动小心而谨慎，整整用了一周时间才完成。这期间，各家新闻单位一直跟踪采访并报道，随着捕鸽行动报道的进行，以此为载体对整幢大楼情况的宣传也深入人心，楼房的销售量猛增，不出一个月，整幢大楼销售一空。

房地产商正是利用鸽群事件，为自己创造了一个千载难逢的机会。通过这个事件我们可以看出，机遇是可以自己创造的，有些看似不是机遇的事情，只要你独具慧眼，看到它的潜在价值，设法为它添加一点儿催化剂，就有可能把它变成为你所用的机遇。

对待机遇问题往往有这样一条规律：失败者错过机遇，保守者等待机遇，进取者寻求机遇，成功者创造机遇。但是又有多少人知道机遇其实是人为的，不是别人赠送的，更不是上天赐予的呢?

机会是成功的跳板，聪明的人是不会坐等“好心人”送来机会的。

曾经得克萨斯的堪萨斯有一个年轻的画家，他才华横溢，但他很孤独，因为他贫困潦倒，无人赏识。几次求职失败，得克萨斯的堪萨斯城只让他平添了更多的失望和颓废。

后来，他终于找到了一份工作，替教堂作画。然而报酬极低，他无力租用画室，只能租用一间废弃的车库当作画室。但他依然全力以赴，丝毫不敢懈怠。可事情并没有如他期望的那样，命运依然对他十分残酷，微薄的报酬入不敷出。他如一只困兽，在昏暗发霉的车库里等待命运的安排。

有一段时间，他甚至听到了死神的脚步声。熄灯之后，他就陷入了空虚与无望的黑暗中。周围静得可怕，但又似乎吵闹不休，他开始失眠了。夜夜失眠，手中的画笔也搁下了，他没了灵感，更看不见希望。

更令他心烦的是，每次熄灯后，总有一只老鼠吱吱地叫个不停。他想拉开灯赶走那只讨厌的家伙，但疲倦的身心让他干什么都没劲，所以他只好听之任之。因为失眠，他就去听老鼠的叫声，他甚至能听到它在自己床边的跳跃声。渐渐的，他听到了一种美妙的音乐，如一个精灵在这个无人知道的午夜与自己默默相伴。

他以怜悯的情怀放纵着那只和他同病相怜的小老鼠。不只在夜里，白天它偶尔也会大摇大摆地从他的脚边走过。他没吓唬它。它便得意忘形地在不远处做着各种动作，表演着精彩的杂技。这只小老鼠给他的这间破工作室带来了生机，它成了他的朋友，他则成了它的观众，彼此相依为命。小老鼠也心安理得地分享着他的面包。到最后，它竟大胆地爬上他的画板，并在上面有节奏地跳跃，画家则默默地享受着一种难以言传的情意。

不久，年轻的画家离开了堪萨斯城，被介绍到好莱坞去制作一部以动物为主角的卡通片。这是他好不容易才得到的机会，他听到了理想的大门“吱”的一声开了一条缝。前途是光明的，道路却是坎坷的。他的作品被一一否决，他再度陷入了举步维艰的境地。

又是一个不眠之夜，他开始怀疑自己真的没有作画的天赋，而且一文不值。

那是一个与平常一样的漫漫长夜，他突然听到一声“吱吱”，那是老鼠的叫声，这一刻，灵感突现，他拉开了灯，支起画架，那只老鼠的轮廓跃然于纸上。

有史以来最伟大的动物卡通形象——米老鼠就这样诞生了！

那个画家名叫沃尔特·迪士尼，全世界的孩子后来都知道的名字。

如果一个员工不懂得如何主动地去创造机会，那就没有成功的可能。与其成天抱怨同事不好合作，领导不看重自己，不如用这些抱怨的时间去做些实质性的事情，分析工作中出现的问题怎样解决，然后学着自己为自己创造机遇。不用多长时间，工作能力提升，领导自然会看重你，同事们自然会敬佩你，还愁没有发展的机遇吗？

机会不等人，在正确的时间及早下手，才能抢占先机。否则，后来者只能望洋兴叹。

包容他人，是对自己的宽容

自古以来，宽容是一种美德，它不仅让人与人的相处变得更加和谐，还让这个世界更加美丽。宽容的人，在生活中总是能够左右逢源，因为他不会因为小事斤斤计较，不会因为不满而大动干戈。除此之外，学会宽容他人，雅量先行，无疑会为自己增添不少魅力。

无论在生活中还是在职场上，人与人之间的摩擦都是无法避免的。一般人在碰到摩擦的时候，首先想到的是自己的利益，若遭到对方损害，通常采取的做法是以牙还牙，为此大动干戈，最后两人都损了夫人又折兵。不仅如此，日后若再次相见，便是仇人相见分外眼红，谁也不理谁。

倘若忍一时之气，宰相肚里能撑船，那么，又会是另一种景象了。

舒伯特是一家钢铁厂老板，钢铁厂的位置位于德国的莱茵地区。舒伯特本人魅力非凡，十分讲究诚信，不仅如此，舒伯特还是一个极其聪明的人，有着超凡脱俗的商业头脑，目光长远，附近的生意人都很信服他，愿意和他做生意。这样一来，舒伯特钢铁厂的生意越来越好，当地几乎没有哪家钢铁厂可以与之匹敌。

这种幸运并没有维持很长时间。后来，有个叫约翰的投资人看中了这里的市场，也投资建了一家钢铁厂。这样一来，舒伯特经营的钢铁厂有了竞争对手。

然而这种竞争似乎并不存在。虽然约翰的钢铁厂生产的产品质量确实不错，但由于客户已经习惯和正直的舒伯特做生意，很少主动去跟陌生的钢铁厂谈生意。短短几个月，约翰的钢铁厂就面临倒闭。

为了拯救花巨资投资的钢铁厂，约翰整天闷闷不乐，过了几天，他终于想到了一个好办法。约翰雇来外人，四处去散播流言，陷舒伯特的钢铁厂于不义。那么，他到底派人去造什么谣呢？其实也很简单，无非就是说舒伯特是个伪君子，以次充好，拿不过关的产品去糊弄客户。还有就是，舒伯特是个骗子，骗过很多客户，这种人不值得深交。

看似简单的谣言，对于舒伯特的钢铁厂来说，无疑是致命的。在约翰派人散播谣言不到一个星期，舒伯特便发现公司的生意跟之前相比简直是天壤之别，为此，他非常上火。

几天后，不知所措的他找到卡耐基，希望卡耐基可以为他指明道路。

卡耐基认真倾听完舒伯特的话，思考了会儿，才告诉他解决之法：“把他变成朋友。”

要知道，约翰并不是一个正直的人，甚至诽谤舒伯特以及公司的信誉。因此，把约翰变成朋友，舒伯特觉得这是件难以接受的事情，并希望卡耐基能够重新想办法。但卡耐基并没有改变主意，他坚持这就是一个好办法。无奈之下，舒伯特只好答应试试。

机会很快就来了。舒伯特去柏林出差的时候，他在当地的朋友的帮助下接到了一桩大生意。事情是这样的，当地准备建一座大桥，自然需要各种型号的钢材供应，舒伯特虽然通过朋友的关系和采购商签好了协议，但还是出现了一个小问题。从采购清单上来看，舒伯特发现有一种型号的钢材自己公司并不生产，而巧合的是，约翰经营的钢铁厂一直都生产这种型号的钢材。舒伯特觉得，这是天赐良机，应该好好利用起来。

二话不说，舒伯特马上拨通了对手约翰的电话，把这件事情跟他说了一遍，帮他介绍了这桩生意。舒伯特的语气温和而友善，听不出半点不满的意味。

这让约翰感到羞愧难当，他怎么也想不到，自己做出这样损害舒伯特利益的事情，他居然还会既往不咎，甚至给自己介绍生意。

随后，约翰找来当初替他散播谣言的下属，吩咐他们去做一件事：给所有的客户写一封信，告诉他们舒伯特公司的产品没有任何问题，舒伯特本人的信誉也没有任何问题。

事情很快就见到了成效，不再被谣言缠身的舒伯特钢铁厂生意很快又火起来，那些丢失的老客户也主动找上门来，甚至许多陌生的客户得知事情的真相后，也慕名而来，对于舒伯特的宽容无比钦佩，希望和他长期合作。与此同时，约翰钢铁厂也在舒伯特的帮助和扶持下，慢慢地走向了正轨，两个人携手，两年不到，当地的钢铁生意就被他俩完全垄断了。

宽容他人是件困难的事，宽容自己的对手更是难上加难，它需要一种海阔天空般的大胸襟，它需要一种舒伯特这样的度量。舒伯特的选择是正确的，他没有与损害他利益的约翰正面交锋，反而是帮助他，把他变成自己的朋友。这种无私的宽容也感动了约翰，最后两人联手，一起获得了成功。

公元199年，曹操与当时实力最为强大的北方军阀袁绍在官渡决战。当时袁绍拥兵十万，兵精粮足，与曹操相比，处于优势，而曹操兵力只及袁绍的十分之一，加上干旱缺粮，自然明显处于劣势，当时有很多谋臣将士都以为曹操这一次必败无疑了。于是好多的大臣都纷纷暗中给袁绍写信，准备一旦曹操失败便归顺袁绍，同时也为自己留条后路。

大约相持了半年左右，曹操最终采纳了谋士许攸的意见，袭击袁绍的粮仓，一举烧毁了袁绍的粮草辎重，扭转了战局，打败了袁绍，曹军大获全胜。曹操在清理从袁绍军营中收缴来的文书材料时，发现了自己部下有不少人都向袁绍写了书信，暗通情报。曹操命人立即全部烧掉，自己连看都没有看一眼，并说："战事初起之时，在袁绍兵精粮足、敌强我弱的情况之下，我都担心能不能自保，何况其他的人，这件事就这样过去吧！”

曹操这样做，使那些有过二心的人全都放了心，对稳定大局起了很好的作用，还发誓要誓死效忠于曹操。可以看出，曹操这一手段的确十分高明，它将已经开始离心的势力又收拢了回来。曹操真称得上是“知大度识大体”的人。

包布·胡佛是举世闻名的试飞员，由于他驾驶技术娴熟，加上心理素质超群，经常被航空公司雇用去航空展览中做飞行表演。不过有一天，发生了这样一件事情。那天，他在圣地亚哥参加航空展览，受邀进行飞行表演。对飞行表演十分老练的他，很快就成功做完了表演，按照约定飞回洛杉矶。

就在离地面仅有300米高的时候，不幸的事情发生了，飞机的两个引擎毫无征兆地熄火，没给他任何的思考时间，便朝地面冲去。

虽然是第一次面对这种情况，但内心强大的胡佛并没有因此陷入恐慌，反而十分镇定地操纵飞机着陆，经过长达十几分钟的努力，他用自己娴熟的技艺将飞机迫降在了陆地上。随后，他立即对飞机进行了检查，飞机已经严重损伤，许多部位都在滑行的过程中遭到了不同程度的破坏。在检查过程中，作为对飞机熟悉无比的老驾驶员，胡佛很快就找到了问题所在。原来，问题出在了飞机燃料，里面装的居然是喷气式飞机燃料，而非与之相符的汽油。

《飞行》杂志在事后对这件事进行了报道，报道称胡佛这次的飞行表演十分神勇，虽然让飞机受到了重创，却没有一人受伤，可谓奇迹。

回到机场后，人们都在想胡佛肯定要把那个飞机保养员拉出来臭骂一顿，说不定要向公司申请辞退他。也许这样也不够解气，毕竟这个错误实在犯得太低级，无法原谅!

到了飞机保养员那，人们才发现那位年轻的保养员正在为自己的错误落泪忏悔，胡佛向他走近的时候，能看到他的手和脚都在颤抖。

令所有人没有想到的是，胡佛居然用手臂抱住这个年轻人的肩膀，说道："为了证明你不会再犯错误，我要求你明天也替我保养飞机，可以做到吗？"

如果说，胡佛上去直接破口大骂或者拳打脚踢，这都是在情理之中，毕竟，对于飞行员来说，要求保养员每件事情都做到精确，这是毋庸置疑的，因为稍有疏忽，就可能威胁到飞行员的生命。但是，胡佛选择了宽恕那位保养员，并给他一次证明自己的机会，这让所有人都肃然起敬。

可以说，胡佛给这位保养员上了印象深刻的一课吧。

卡耐基曾这样对朋友说："在《圣经》中，上帝这样教导世人：'当别人打你左脸的时候，伸出右脸让他打。'但是，说实话，一开始我并没有充分理解这句话，直到在我身上发生了一件影响巨大的事情之后，我才真正意识到上帝的'良苦用心'。"

而卡耐基口中所说的一件影响巨大的事情，指的是他与卡耐基公司所在大厦的一个管理员因为一些小事闹的矛盾而已。

刚开始，卡耐基就因为一些小事情讨厌这个管理员。前因后果是这样的：由于工作的缘故，卡耐基不得不夜里留在公司加班，而管理员并不管他，还是按规定的时间熄掉大楼内的灯，这样一来，卡耐基便无法继续工作了。于是，他找上了大厦管理员："最近我每个晚上都要加班，请你不要熄掉大楼内的灯。"

卡耐基以为管理员从此将不再熄灯，他没想到管理员根本不理会他的话。一天，就在卡耐基忙碌工作的时候，管理员又按时把灯关掉了。

大厦一片漆黑，卡耐基立即循着过道的灯跑去找管理员。他想马上去教训下这个不听话的家伙。但戏剧性的一幕出现了，那个管理员根本没注意到怒气冲冲的卡耐基，正做着自己的事。

这让卡耐基更加愤怒，他像一只狮子一样扑了过去，然后抢走管理员手中的铲子，接着就是一顿破口大骂，想让他明白自己有多么的愤怒。同时想让管理员明白，工作时突然断电是件多么可怕的事情。与此同时，他还想证明自己也不是好欺负的。于是，卡耐基骂了近一刻钟，最后已经快词穷了。管理员并没有与他争执，而是极其冷静地站起来。这可吓坏了卡耐基，以为对方要动手，于是把手中的铲子举了起来。管理员这才开口："兄弟，火气别那么大嘛。这种热天气，容易上火。"

卡耐基不敢相信眼前这个脸庞黝黑、身材矮小的人嘴里能说出这样的话来。这让他感到自己是那么的渺小，竟然和一个目不识丁的工人如此计较。而讽刺的是，自己还是有着高学历和极高修养的人，怎么可以这样骂他。卡耐基心里一阵愧疚，沉默下来。

管理员也没有说什么，只是继续安静地做自己的事情。

再次回到办公室，卡耐基一遍又一遍地告诫自己，下次再也不能有这样不理智的举动，要做到彬彬有礼，这样才会进步。深刻反省了一番，为了改正这个缺点，并表明自己的诚意，他决定下楼去，为自己鲁莽的举动向管理员道歉，并请求他的原谅。

卡耐基立即从凳子上站起来，向地下室走去。

管理员听到咚咚的脚步声，回过头，看到卡耐基又回来了，好奇地问："先生，是不是你那儿的灯又关了？"

没想到管理员仍然这么关心自己，卡耐基的勇气一瞬间被激发了，他握住管理员的手，说："没有，谢谢你把电灯又打开了。"

"那么，你现在来这里是想干什么呢？"管理员有些好奇地看着卡耐基。

"我想获得你的原谅。"卡耐基接着说，"你愿意为我而做改变，说明你就是我的朋友。之前我没有好好珍惜，这是我的错。现在，我愿意做出改变，哪怕是道歉。"

管理员笑了笑，说："我早原谅你了。再说，这件事情刚开始是我处理不周，没有考虑到加班的情况。所以我完全愿意原谅你。”

两人相视一笑。最后，两人成了好朋友。

想想我们平时，是不是经常会对他人的错误习惯性地责怪辱骂，如果对方不肯认错，我们将会变本加厉，让双方都陷入糟糕的情绪中。事实上，我们并不需要这样做，辱骂别人其实也会伤了自己，让自己和他人的关系破裂，少了一个朋友，多了一个敌人。不仅如此，他人看见你如此心胸狭窄，没有谁愿意与你交朋友。因此，我们不难得出这样一个结论：无论选择哪种形式对待别人的错误，宽容永远是最有益处的。

曾经有一支风靡全球的乐队，它的出现让流行音乐在商业以及艺术上都取得了巨大成功，它就是人们耳熟能详的“甲壳虫”乐队。

不过在此之前，谁也无法想象，乐队主唱约翰·列侬不过是一个默默无闻的普通人，人们除了知道他是一个热爱音乐的小伙，几乎没有人知道他的才华。

后来，他之所以能够成为著名乐队的主唱，跟他满腹的才华确实分不开。不过还有一个重要因素是，他是一个宽容的人，在面对即将成为敌人的对手时，他会立即出手，把对手变成朋友。下面就讲一则有关他的小故事。

一天，在参加一个小型演出时，他认识了一个与他兴趣相投的小伙子保罗·麦卡特尼，刚演出完，保罗趁约翰休息的时候走到跟前，毫不留情地对他说：“就你刚才的表现来看，实在糟糕透了。姑且不说你唱错了很多地方，更可笑的是，连简单的吉他也弹得相当差劲。”

一连串的数落让约翰十分气愤，他完全不服眼前这个狂妄的家伙。于是约翰不屑地看着他说：“难道你可以弹得更好吗？”

约翰以为这个高傲的家伙会知难而退。没想到，保罗直接从他手中夺过吉他，说：“好啊，那我向你展示下怎么弹吉他，也让你明白你是有多么差劲。”话音未落，保罗便把约翰演出时唱的歌一字不落地弹唱了出来，无论唱功和弹功都是无可挑剔的，约翰完全不是他的对手。这也让约翰大为惊讶，他不知道这么小型的演出，也会有这么优秀的人物出现。

约翰觉得保罗是一个不可多得的人才，如果把他邀请入团，必然如虎添翼。倘若成为对手，日后再发展成为敌人，哪里还有自己的一席之地。

“我们团缺少像您这样的人才，不知您有没有兴趣？”约翰礼貌地问道。

保罗没想到约翰被自己批评了一番，仍然保持绅士风度，立即脸红了。连忙为自己的鲁莽道歉，说：“刚才我看你弹得不好比较心急，一下来就批评了你一顿。对不起，是我做得太过分了。”

约翰自然原谅了保罗，而且就在当天，两个热血澎湃的年轻人携手合作，共同组建了震惊世界的“甲壳虫”乐队。

你的谦卑让对手不知所措

那些喜欢炫耀的人，必然会招致别人的反感。所以，一个有才华的人，要善于审时度势，隐匿自己。“大成若缺，其用不弊。大盈若冲，其用不穷。大辩若讷。大方无隅。大器晚成。大音希声。大象无形。”说的就是要善于藏而不露，以待时机。

谦卑是一种以退为进的人生谋略，也是本书中最重要的处世风范。“枪打出头鸟”是我们平时为人处世过程中的一个重要部分。以“谦”为本，学会谦卑做人，是出于对自身修养的自勉要求，是人不可锋芒太露的进一步解释。

唐顺宗李诵在做太子时，亦豪言壮语，俨然以天下为己任。在中国古代，太子有能力、服人心，自然也是顺利即位的一个条件。但如果太子能过父皇，又往往有逼父退位的举动，就非常危险了，轻则被废黜，重则丧命。聪明的太子因此不能表现出太强的才干，造成太响的名气。李诵做太子时，曾对东宫僚属说：“我要竭尽全力，向父皇进言革除弊政的计划！”他的幕僚告诫他：“作为太子，首先要尽孝道；多向父皇请安，问起居饮食冷暖之事；不宜多言国事。况且改革一事又属当前的敏感问题，如若过分热心，别人会以为你邀名邀利，招揽人心。如果陛下因此而疑忌于你，你将何以自明？”

太子听得如雷贯耳，于是立刻闭嘴缄默。唐德宗晚年荒淫而又专制，太子始终不声不响，直至熬到继位，方有唐后期著名的永贞革新。而隋炀帝的太子杨昭就没有好的涵养。

一次父子同猎，隋炀帝一无所获，太子却满载而归。隋炀帝本来就感到太子对自己不够尊重，这一下被儿子比得抬不起头来，于是寻了个罪名把杨昭的太子名号给废了。

同为太子，唐顺宗审时度势终登皇帝之位；而杨昭却到处炫耀，处处表现自我，功高盖主，后被废黜。可见锋芒能否适时显露，事关一人的前途命运。

唐朝李泌曾以与世无争的谋略，几度出山匡扶唐廷，力挽狂澜，立下卓著功勋。李泌自幼聪敏，博涉经史，精研《易象》，善为文，常游于嵩、华、终南诸山间。当时他的名声很大，唐玄宗赏识他，夸他为“神童”。宰相张九龄器重李泌胆识，称呼他为“小友”。唐玄宗欲授李泌官职，李泌固辞不受。唐玄宗命他与太子游，结为布衣交。太子常称其先生而不称名。

天宝年间，李泌看到天下的危机形势，赴朝廷论当世时务，但为杨国忠所忌，于是他又潜遁名山。后安史之乱发生，太子唐肃宗即位于灵武，特地召见李泌，李泌陈述天下成败之事，正称唐肃宗之意。但李泌固辞官职。李泌说：“陛下屈尊待臣，视如宾友，比宰相显贵。”

但此时的唐廷正处风雨飘摇之际，非常需要李泌这样的人才，最后李泌被授以散官，拜银青光禄大夫，使掌枢务，凡四方表奏，将相迁除，皆得参与。李泌虽不是宰相但权逾宰相。李泌劝唐肃宗俭约示人，不念宿怨，选贤任能唐肃宗听从李泌的劝谏，收揽天下人心，终于收复长安、洛阳。李泌见唐廷转危为安，立即要辞归山林。

唐肃宗坚决不同意，说：“朕与先生同忧，应与先生同乐，奈何思去？”李泌说：“臣有四不可留：臣遇陛下太早，陛下任臣太重，宠臣太深，臣功太高，所以不可复留。”后来终于说服唐肃宗，归隐衡山。

唐代宗时，时局艰难，藩镇割据，又特召李泌出山，命他为相，李泌一再固辞。唐代宗只好在宫中另筑一书院，供李泌居住，军国之事无不咨询商量，李泌又成了实际上的宰相。后来时局好转，李泌又辞归山林。李泌一生，好谈神仙，颇尚诡诞，实际上是个幌子，他危时出山辅佐朝政，不争权位，安则归山养性，与世无争。

所以我们做人，也要学会谦卑一点、低调一点，不要做被枪打的“出头鸟”，要在保证自己安全的同时，寻找机会，使自己变得更强大。

“程门立雪”这个成语，就是谦卑精神的一个典型，它出自宋代著名理学家杨时求学的故事。

杨时自小就聪明过人，4岁时开始学习，到了7岁时就能写诗，8岁就能作赋，凡是知道他的人都把他称为“神童”。到了15岁的时候，杨时就能够攻读经史，在宋熙宁九年（1076年）登进士榜，他可以算得上一位传奇的人物。杨时一生求知好学，并且立志著书立说。为了使自己的头脑更充实，广泛积累知识，四处求学、讲学，一直都受到大家的欢迎。在家时也绝不放任自己，常常待在含云寺和龟山书院中潜心攻读诗书，平常以写作和教学为主。

有一年，杨时在前赴浏阳任县令的路途中，特意绕道去洛阳，为的就是去拜访程颐，以求学问，使自己的学识能在程颐的指导下，进一步完善。

有一天，杨时与他的学友游酢辩论，对于某个问题两人都持有自己的看法，为了求得一个正确的答案和解释，于是一同去老师家请教。此时正是天寒地冻的隆冬季节。两个人走在路上，呼呼的大风向他们吹来，天上还飘着雪花，冷飕飕的寒风和雪花肆无忌惮地灌入两人的领口中。两个人为了使自己保暖，都用衣服紧紧地将自己包裹起来，急匆匆赶路。好一会儿工夫，终于到了程颐的家门口，这时候程颐正坐在家中的火炉旁边打坐养神。两个人看到老师这样子，都不好意思打扰老师休息，便恭恭敬敬地站在寒风傲雪之中等待老师醒来。

“程门立雪”的故事由此得来。杨时为了求学问足足在雪中站了一下午。我们在高度评价他刻苦钻研精神的同时，也不能忽略他的谦卑。

知足常乐，贪念不要太重

在这个物欲横流的世界中，我们每个人都有太多的欲望，可能需要通过各种方法和手段来填满你我无尽的欲望。有人认为，人生在世，不努力去满足自己的私欲，好像白来世上游走一回。但我们往往容易忽略了物极必反所带来的后果。所以，不要整天活在自己的欲望之中，拥有一颗平常心，能够知足常乐，将会让生活变得轻松和幸福。

知足与贪心是人类天生的敌人，一个长期不满现状的人，不可能会有幸福。贪心不足蛇吞象，现在物欲横流的社会，人们的欲望膨胀，似乎永远没有停止的一天。这也是为什么，日子越过越好，人们却感到不快乐。

有一个叫比尔的少年十分崇尚军队生活，期待有一天自己能穿上军装。因此，大学毕业后，他心血澎湃地应征入伍，并被派遣到美国海军第七战队第五特遣队。

加州的阳光和海滩十分迷人，这让初次来到这个地方的比尔沉浸其中，觉得这里是一个天堂。

不过，一周的时间很快就过去了，年轻的比尔不得不按照部队的命令前往沙漠地区，接受严格的野外生存训练。这让比尔又失落又兴奋，失落是因为他还没有看够加州的美景、尝够加州的美食。当然他也很兴奋，因为部队训练的地方正是他做梦都想去的沙漠。比尔从小就喜欢沙漠，觉得沙漠很壮观。

就这样，比尔跟随大部队上路了。

刚开始几天，他还因为初次体验沙漠的广阔而喜悦无比，但这种感觉随着严酷的训练很快就消失了。他感觉到更多的是训练课的苦与累，再也没有心思去欣赏眼前的风景。

一天，比尔照例进行耐力课程训练，他安静地躺在自己挖的沙窝里，忍受阳光的直射。

他渴望找一个人聊聊天，但军官早就安排好了，把士兵的间隔定在40米之远，充分考验士兵的耐力；可怜的比尔打算睡一会儿，不过想到军官说的沙漠毒蛇和沙尘暴随时会带来致命一击，心里一慌，只好重新打起精神。

这样的日子持续了半个月，比尔感觉自己仅剩的那点自信和坚强也被黄沙一点一点地榨干。很多时候，他都想逃离这里，回到鸟语花香的家乡。

于是，他给父亲写了一封信，希望父亲利用他在部队的关系，帮助自己调离沙漠。信投递好后，比尔每分每秒都在等待着父亲的回信。

一周后，父亲终于回了一封信。父亲在来信中给他讲了这样一个故事：第二次世界大战期间，有两个囚犯关在了纳粹的奥斯维辛集中营。

囚禁他们的囚室十分狭窄，唯一连通外界的地方，是囚室一扇不到一尺的窗口。为了排解心中的苦闷，两人每天都会轮流去窗口眺望外面的世界。

年长的那个人总是喜欢看外面的天空，心情愉悦地看鸟儿在蓝天自由自在地飞翔；另一个中年男子对此感到很意外，他丝毫不在乎外面的天空，内心焦躁的他永远只关注不远处的高墙何时才会倒塌。

日子一久，两人的境况发生了很大的改变。年长的那位等到了世界大战的结束，重获自由，而另一位则因忧郁惨死狱中。

比尔看完父亲的信，仿佛明白了什么。在之后的训练中，他再也不为漫天的黄沙和长时间的训练感到苦闷或者焦躁，反而乐在其中。没过多久，他受到了训练官的赏识和提携。

知足常乐，一个人倘若不懂得知足，那么便不会快乐。比尔贪心远在家乡的安逸，想要放弃当下的磨炼，使得他终日忧心忡忡。后来，父亲的故事告诉他要学会知足，才会发现生活其实并没有想象中那么难熬，一定能够挺过去。于是比尔收获了不一样的心情和人生。

摆架子是最失败的表现

人一旦有了一定的财富和地位，便容易在他人面前摆架子。但与他人打交道，摆架子是十分不可取的，毕竟无论你多么位高权重，都会有求别人的一天。不仅如此，谁都不愿意和一个摆着一副架子的人交流。在物质上，也许每个人的财富不平等，但就个人而言，人跟人都是平等的，不存在高贵、低贱的状况。所以，只有把架子放下，你才会摆脱掉束缚，活出不一样的人生。

当今社会，我们时刻面临着竞争和挑战，时时刻刻都离不开与人打交道。在求别人办事时，不论你地位如何高，身份如何尊贵，你都应该放下架子。因为你是在求别人，而不是别人求你，如果还摆出一副高高在上的架势，谁都不会买你的账，即便是万人之上的皇帝也不例外。

1860年，林肯作为美国共和党候选人参加总统竞选，他的对手是大富翁道格拉斯。

当时道格拉斯租用了一辆豪华富丽的竞选列车，车后安放了一门大炮，每到一站，就鸣炮30响，加上乐队奏乐，气势不凡，声势浩大。道格拉斯得意地对大家说："我要让林肯这个乡下佬闻闻我的贵族气味。"林肯面对此情此景，一点儿也不在乎，他照样买票乘车，每到一站，就登上朋友们为他准备的耕田用的马拉车，发表竞选演说："有许多人写信问我有多少财产，其实我只有一个妻子和三个儿子，不过他们都是无价之宝。此外，我还租有一间办公室，室内有办公桌一张，椅子三把，墙角还有一个大书架，架上的书值得我们每个人一读。我自己既穷又瘦，我实在没有什么可以依靠的，唯一可以信赖的就是你们。"

选举结果大出道格拉斯所料，竟是林肯获胜，当选为美国总统。

生活中，我们常常在想，怎么才会成功，怎样才能拥有无穷的财富？最后往往得不到答案。其实，想要成功很简单，努力，坚持，尤其是要丢掉面子，那么一定可以成功。

像林肯一样，不在意别人的嘲笑和拒绝，坚持不懈地争取自己想要的东西，克服眼前重重障碍，最后收获了自己想要的结果。这就是活得精彩的秘诀。

此外，太过于在意别人的言论，只会让自己被束缚，寸步难行，不可能有新的突破。只有把自己的面子、架子统统撕破，才能活出不一样的人生。

人生一世，需要办数不清的事，需要请无数人帮忙。万事不求人是不可能的，既然要求人，架子大了是不行的。

“人在屋檐下，不得不低头”，这句话有其合理性。初涉世事的年轻人，往往放不下自己的面子去求人，自然也就不能为社会所接纳，不能与环境相适应，也就难以真正迈出走向社会的第一步。

在办事过程中，那些谦虚而豁达的人总能赢得更多的成功。反之，那些妄自尊大、不肯放下自己架子的人必然会引起别人的反感，最终使自己处于孤立无援的境地。

因此，放下架子，不仅仅是做人谦卑的开始，说不定还能保全自己，免去各种灾难。把架子扔进回收站，并不是说不要架子了，在适当的时候，我们仍要拿出自己的架子。但值得注意的是，大多数情况下，人们都是喜欢没有架子的人，这样的人更具有亲和力。

Part 02

做一个喜欢自己的人

人生来有许多缺点，这是我们必须要面对的。如果说哪个人是完美的，那这种说法便是一种错误。所以，我们只有在后天的成长和努力中，一点点弥补自己、完善自身，起码做一个喜欢自己的人。

02

懂得忍让的人，运气都不会太差

对于他人的过错或者误会，也许我们很容易做到容忍，但当面对苦难的生活时，很多人都会放弃忍受这种精神和物质双重折磨的痛苦。其实，试着对自己再残忍一点儿，只需要多一点儿坚持和勇气，就能在绝境中开辟出另一番天地。为人处世，也讲究一个忍字，小不忍则乱大谋，说的就是这个道理。

1864年9月3日，注定是不平凡的一天，所有人还在忙各自事情的时候，一连串震耳欲聋的巨响从原本一片寂静的斯德哥尔摩市郊传出，令所有人心惊胆战。人们纷纷过去看热闹，眼前的一幕让他们都震惊了。

只见滚滚的浓烟不停地从工厂冲向上空，工厂里面也发生了严重的火灾，火苗到处乱窜，许多人加入到灭火的队伍中。经过大家奋力抢救，大火终于熄灭，虽然时间并不久，但人们发现眼前的工厂已经满目疮痍，几乎被大火烧成一堆废墟。

人们惊讶地发现，在火场附近，有位30多岁的年轻人，因为惊吓，面无血色，浑身不停地颤抖着。人们走上前去，才发现他就是这座工厂的主人诺贝尔。

这座耗费他无数心血的硝化甘油炸药实验室工厂，在眼前化为乌有，使得他痛苦万分。雪上加霜的是，人们通过寻找，在这座烧成灰烬的工厂中找到了5具尸体。

这些离开人世的人们，全都是诺贝尔最亲密的人。尤其是发现自己的小弟弟的尸体时，诺贝尔难过得几乎说不出话来。要知道，他的小弟弟是家里的宝贝，家人都很喜欢他，他正在大学念书，这次本是来哥哥的工厂参观学习的，不想发生了如此不幸的事情。

另外几个丧生的人都是诺贝尔的得力助理，作为他的左右手，一起帮他建立了这座工厂，取得了不错的成绩。

很快，这个噩耗传到了诺贝尔父母的耳中，痛失小儿子的母亲哭得痛不欲生；父亲深受刺激，陷入了半身不遂的境地。诺贝尔无奈地看着眼前的一切，感觉像是有无数的晴天霹雳，一个一个朝他劈来，却没有办法闪躲，只能独自承受着所有的疼痛。

这件不幸的事情发生后，当地的警察封锁了这座废弃的工厂，并明文规定不得再建。而其他人，也对诺贝尔失去了信心，他们都不愿意出租自己的土地给诺贝尔做实验，甚至觉得诺贝尔是个极端危险的恐怖分子，要把他赶出市区。

被逼无奈的诺贝尔并没有选择退却，磨难反而激发了他的勇气。

几天后，人们惊奇地发现，在离市区很远的马拉伦湖上，一个青年人正坐在一只巨大的平底驳船上，聚精会神地进行一项神秘实验。

从远处看去，船上并没有运载货物，只有一些看似古怪的设备。虽然当地的人们对诺贝尔敬而远之，但还是有人忍不住好奇心，躲得远远的偷看，想要知道诺贝尔能玩出什么名堂。

就在所有人都以为悲剧将再次上演的时候，诺贝尔的实验获得了重大成功，让那些想看他和船一同沉入大海的人们着实失望了。

不久，有消息传出，诺贝尔通过多次实验，发明了雷管，这在当时是极为轰动的。为了更好地研究炸药，并得到一定的经济支持，诺贝尔还特意在德国的汉堡建立了炸药公司，经营炸药生意。

由于炸药在当时市场非常抢手，订单来自五湖四海，诺贝尔的公司生意异常火爆，他很快就拥有很大一笔财富。

然而，他并没有满足现状，而是重新投入到新的研究和发明中。当然，与之接踵而来的是数不清的危险和磨难。

人们源源不断地听到这样的消息：载炸药的火车在旧金山附近由于震荡发生爆炸，场面十分惨烈，不仅死伤者很多，就连火车也被炸得惨不忍睹；随后，在德国的工厂因搬运硝化甘油时不慎发生碰撞，周围立刻就被夷为平地。周围的房子一瞬间变成平地是怎样的场面，可想而知；一波未平一波又起，在巴拿马运炸药的轮船也因碰撞，带着船员和货物永远地沉到了海底。

面对这些不幸，诺贝尔像一个钢铁巨人，仍然没有表现出丝毫的畏惧，为了实现自己的目标，他毅然选择与奋斗和勇气为伍，坚持不懈地努力着。

后来，我们都知道，诺贝尔收获了无数专利发明权，创立了举世瞩目的诺贝尔科学奖，被一代又一代的人津津乐道。

面对人生的苦难，我们要学会忍，而诺贝尔则告诉我们，不仅要学会忍，还要学会坚强，只有坚强，才会拥有更大的成功和财富。坚强是一种勇气，一种永不退缩的精神。

说到忍，霍金是不得不提的一个人物。他的全名叫史蒂芬·霍金，于1942年出生于伦敦。

他的父母都受过正规的大学教育，父亲是一名颇有名气的医生，母亲则是自由从业者。父母两人都很前卫，不管是在观念，还是在行为上。他们经常一家人坐着一辆二手车穿梭于街道和郊区，这在当时英国来说，绝对是一种的时尚。

按理来说，霍金的童年肯定很快乐。不过好景不长，就在别人还在为霍金那聪明得超乎常人的大脑津津乐道时，病魔却不期而至。

在牛津大学的第三年，霍金发现自己很多行动都表现得异常迟钝，不能像正常人一样做到平衡。第四年，发生了一件惊险的事情，霍金下楼梯时突然摔跤，直接从楼上滚到楼下，当场昏死过去。

他的父母知道这个情况后很着急，立即把他送到医院做全面的检查。霍金21岁那年，医生神情凝重地告诉霍金一家："他得的是卢伽雷氏症，俗称运动神经细胞萎缩症。"

就像大夫预言的一样，霍金开始感到自己的身体越来越不听使唤，直到瘫痪。当医生再次诊断的时候发现，霍金除了心脏、肺、大脑等几个内部器官还能正常运转外，其他的器官都有萎缩的迹象。并依此跟霍金说他只能活不到2年的时间。

身处名牌大学，并有着一个幸福的家庭的霍金，被这个突如其来的消息深深打击到了，他几乎开始自暴自弃，就连硕士论文都不想完成。

不过，身边的人并没有放弃他，包括他的妻子，始终默默地支持他，给了他无穷的动力，也让他重新对生活充满希望。

在接下来的日子，霍金已经开始在学术上有了一定的成就，并获得他人的赞誉。他依靠一个特殊的轮椅工作学习，在和生命赛跑。

霍金的病情逐渐加重，但他并没有因此放弃学术研究。1931年3月，这对霍金来说，又是极其煎熬的一月。在他坐着轮椅回柏林公寓的路上，不幸发生车祸，缝了13针。但霍金就像一个巨人，在手术的2天后又开始投入到紧张的工作中。

同时，霍金也是一个乐观豁达的人。尽管疾病越来越严重，行动越来越不便，到最后只剩下一个手指头可以活动，但他仍然以积极的态度生活，珍惜自己的生命，和死亡之神抗争。有这样一则趣闻，一次，霍金与查尔斯王子见面，为了炫耀，他就用仅剩的一个手指来旋转自己的轮椅，却不小心轧到了查尔斯王子的脚指头。

1985年，霍金丧失了说话能力，这让他一度陷入苦闷的情绪中。不过，他并没有长时间沉浸在痛苦中，而是利用自己的手指和聪明的大脑写出了著名的《时间简史》。这本书讲述了宇宙的起源，揭开了宇宙神秘的面纱，让整个世界为之震惊。

我们很难想象，就是这样一个从正常到瘫痪的名牌大学生，居然能够鼓起勇气面对残酷的人生，创造出生命的奇迹。霍金就向我们证明了这点，只要我们珍惜自己的生命，不惧生活中的苦难，我们就能拥有源源不断的动力。

很多时候，我们发现自己离成功仅有一步之遥，却怎么也无法跨过看起来很短的距离。这个时候我们应该反思，自己足够坚强了吗？可不可以再坚强一点儿？如果可以，那么背负着勇气和毅力，继续上路吧。

有人曾对诺贝尔的成功史这样感慨过，每一个伟大的成功都垂青于那些拼命努力的人，是他们让生活变得奇妙无穷，也只有他们，才能把成功演绎得如此轰轰烈烈却又发人深思。

在现实生活中，我们虽然不必学习诺贝尔不畏死亡的精神，但应该像他一样，对自己再“狠心”一些。也许，多一点勇气和坚持，生活便多一份美丽和精彩。

自古以来，人们都把忍辱负重称为担当大任的美德。许多古今成功人士都是靠“忍”而成就大业的。

清代中兴名臣曾国藩在自己的成功之路上，每前进一步都要忍受莫大耻辱。一日，绿营兵与湘军哄闹，至夜幕降临之时，闯入曾国藩行营。曾国藩亲自告知巡抚，巡抚不理，曾国藩只好第二日将兵营迁至城外，以避绿营乱兵。有人问其故，曾国藩叹息地说：“大难未已，吾人敢以私愤渎君父乎？”意思是说，大敌当前，我怎能为个人利益而泄私愤呢？后来，曾国藩这样总结其忍辱负重之术：“好汉打脱牙和血吞。这句话是我生平咬牙立志的秘诀，自出道以来，无不遭受屈辱。我在庚戌、辛亥年间被京城的权贵们所唾骂；癸丑、甲寅年间被长沙的权贵所唾骂；乙卯、丙辰年间又被江西人所唾骂；以后又有岳州、靖江、湖口三次打败仗，都是打脱牙的时候，没有一次不是和着血往肚里咽。”

正是靠这种忍让，曾国藩终于修成了官道上的正果。

曾国藩的忍耐功夫也是师承前人的。不光曾国藩，许多开国之主都是从这条路走向成功的。

东汉光武帝刘秀就是其中的代表人物。王莽篡权之后，天下动荡不安，各路义军起义，为了增强号召力，他们认为应立刘姓宗室做皇帝。他们看中了生性懦弱又无兵权，便于控制的刘玄，建立“更始”政权。

这让在起义中立下大功，起决定性作用的刘演（刘秀的哥哥）和部将刘稷非常不满。于是刘玄和一些嫉贤妒能的将领就趁机诱杀了刘演和刘稷。

刘秀知道这个消息之后，内心尽管十分悲愤，但表面上却始终显得十分淡然。他清楚地意识到，这个时候自己只要稍有异状，就会立刻遭到杀身之祸。

所以，他立即去朝见更始帝，向他谢罪，而对自己立下的功劳却绝口不提。也不为刘演和刘稷服丧，吃喝谈笑一如平常，但背地里却经常眼泪弄湿了枕头。

刘秀坦然的举动，终于使更始帝等人解除了猜忌，更让更始帝觉得对不住刘氏兄弟，便封刘秀为破虏大将军、武信侯。三个月之后，刘秀就以破虏大将军行大司马事的身份去了河北招兵买马，开始了统一大业。

无论是君子，还是小人，都应该以诚相待。在一般人看来，如果知道他是小人，就会处处避着他少和他来往。如果发现了小人欺骗自己，就一定要揭穿骗局而责备小人。但曾国藩、刘秀都不这样做。他们的智慧足以明察小人的欺骗行径，然而每次都将自己的情绪控制下来，并且不在神色上表露出来，这种涵养才是真正做大事的人的气度。

赠予是一种美德

或许我们都想不付出就得到收获，但是这只是我们的一厢情愿而已，当我们真正做事的时候就会知道，如果自己一味地只想得到自己想要的东西，不去付出，那么通常都达不到自己的目的。毕竟人都是一样的，别人在帮助你的时候，也不只想一味地付出，他们也想从中有所收获。但是这样的收获不仅仅是指物质上的，有时候他们还希望得到一些精神上的收获。所以，要想得到，必须先懂得给予。

曾经风靡全球的《英国达人秀》是一档真人选秀节目，不管你是谁，只要拥有惊人的才艺便可报名参加，在舞台上展示自我。

不过，当一个身材臃肿、脸庞丑陋的女人站到舞台上的时候，场下立即哄然大笑，和刚开始热情鼓掌的氛围完全不同。

评委们也很吃惊，一句句不停地调侃。

“大妈，你确定没有走错地方？这里不是菜市场。”

“姑娘，告诉我，至今为止有哪个男人约过你吗？”那个评委说完便作恶心状，“能叫你一声姑娘，我想，这是我这辈子做过最勇敢的事情了。”

大妈在众人的嘲笑中做完了自我介绍，并告诉现场所有人，她想成为音乐剧女神伊莲·佩姬这样的人物。

台下嘲笑的声音更加强烈了，评委们也在一旁肆无忌惮地煽风点火。

但这位可怜的大妈，却保持出场时的冷静：“请问，我可以开始了吗？”“当然可以，从你站在舞台的那一刻起，就已经开始了。”评委们结束了无休止的嘲讽，总算认真了起来。

所有的观众对于这位大妈级的人物没有丝毫的好感，觉得这只是电视台给观众找来的乐子而已。

可是接下来的一切让所有人震惊了，大妈用天籁般的嗓音唱完了《我曾有梦》，几乎所有的观众都被她专注的神情所吸引。没人能想到，一个看似如此普通甚至难看的大妈，居然会有这样的才艺。几个评委也忍不住站起身来为她鼓掌，激动之情溢于言表。

“你好，请问是我刚开始认识的那个大妈吗？”

“不是，完全不像同一个人。”

“伙计，你真是太神奇了！”

评委们又开始调动全场的气氛，全场的观众高亢地喊着“通过”的口号，毫无疑问，她晋级了。

这位没有学历也没有演艺资历的大妈名叫苏珊·波伊儿，今年已经47岁，从未参加过任何专业训练。她曾一度因为自己的相貌而感到自卑，甚至有轻微的自闭症。也正如评委嘲笑的，至今都没有男人约过她，所以她一直单身。

在采访的时候，她说：“我喜欢做志愿者，我常常告诉自己悲惨的事情确实很不幸，但重点是我们要战胜它，你不仅要开怀大笑，而且也要坚强面对。”

苏珊91岁的祖母去世后，苏珊陷入孤独的情绪不能自拔。也正是因为孤独，苏珊在平常的练习中异常勤奋，为比赛做了极其充分的准备。因此，当机会来临的时候，她自然而然就获得了成功。

是的，很多时候，我们并不知道机遇什么时候才会出现。但我们知道机遇是种很珍贵的东西，也许会改变人的一生。所以如果你想获得成功，就先付出足够的努力，然后静静地等待机会的出现。只有这样，你才能让自己希望获得的成功变成现实。

美国前总统罗斯福的父母都是社会上流人物，受到父母的影响，他从小就热爱读书，喜欢做一些贵族做的运动，比如当时流行的网球和骑马。从小就喜欢运动的他，拥有强壮的体魄。

身体是革命的本钱，在他年少到中年的人生路上，他一方面利用自己的聪明才智，一方面依靠自己勤奋工作，成功离他越来越近。很多人都觉得他年轻有为，将来必成气候。

不过事情总是充满戏剧性。1921年，罗斯福带全家在坎波贝洛岛休假，本来一个愉悦的假期被岛上无缘无故的一场大火毁灭了。

当时，许多人都陷入了水深火热中，从小就十分有正义感的罗斯福，把家人安顿好以后，立即投入到救人和灭火的行动之中。

英雄的结局并不是那么幸运。经过一番努力，罗斯福带领那里的工作人员成功将大火扑灭，并救了许多游客。然而，罗斯福在扑火的过程中为了躲避火势跳进了冰冷的海水，结果患上了“脊髓灰质炎”。

“脊髓灰质炎”是由脊髓灰质炎病毒引起的一种急性传染病。基本症状表现为发热、肌肉萎缩、疼痛等。

这个炎症给罗斯福带来了巨大的痛苦，他不得不经历高烧、疼痛、麻木这样的痛楚。让他备受打击的还是医生对他的话。他清楚地记得医生用一种严肃的口吻告诉他：“你这辈子也就只能这样了，好好享福吧。”

这好像是死神对他的末日审判。罗斯福想到了以前身强力壮的时候，那个时候多美好，拥有一副健康的身体，可以有充足的精力做自己想做的事情。

他不愿坐以待毙，也不想让医生的话成为现实。他决定与病魔做斗争，把失去的健康夺回来。

此后的每天，他都坚持不懈地进行身体锻炼，并天天坚持温泉浴。人们很惊讶地看着他，同情地说："人是不可能战胜病魔的，你认命吧。"

是的，在那些人眼中，他们都觉得罗斯福是在瞎折腾，并不能闹出什么好的结果来。

但是，事情很快就发生了转机。由于他经常去温泉浴，并坚持锻炼身体，身体逐渐恢复了。刚开始，他还是坐着轮椅去温泉，不久后，他已经可以拄着拐杖前去。

医生当时诊断之后，告诉他病情有了明显的好转，如果坚持下去，说不定能够重新站起来。

罗斯福知道这个消息后很开心，想到这么长时间的努力没有白费，心里备受安慰。与此同时，他并没有满足于拐杖生涯，开始加强锻炼，挖掘身体的潜能。

上天不负有心人，后来，所有人都惊奇地发现，罗斯福居然战胜了脊髓灰质炎，完全可以跟正常人一样行走了。这在当时，是一个伟大的奇迹。那时，医院的医生都会跟他的病人说："坚强点，罗斯福在看着呢。"

后来，罗斯福又开了一家律师事务所，再后来，他在病情完全康复的条件下竞选了纽约州州长。无数的青少年把他奉为膜拜的偶像，用来激励自己。

是的，从罗斯福的人生里程来看，如果没有一副好的身体，是不可能获得成功的，当罗斯福的身体出现异样，他仍不断地挑战病魔，后来终于取得成功，这更加说明了，"将欲取之，必先予之”这个道理。

再说一个故事。从前，有一位旅客在沙漠中迷失了方向，他一直在不停地找出路，许多天下来，他一口水都没有喝，他的嗓子都冒烟了，如果再找不到水的话，他就真的走不出这沙漠了。

幸亏，天无绝人之路，竟让他在这荒无人迹的沙漠里看到了一口井。他不禁舒了一口气，心想，这下可看到希望了。

于是他使出浑身的力气跑到了井边，一看却傻了眼，井中居然看不到水，只有一张便条放在井沿上，上面写着：在此处往东100米处埋着一小坛水，水不够喝，只有把坛子中的水全部倒入井中才能汲出水来。

于是旅客就将这小坛水找了出来，他看着这坛清凉的水，双眼几乎都冒出火来。

这时，他的心中不禁犹豫起来，到底是喝掉这坛水，还是倒到井里呢？这是一个选择，一个事关生死的选择。

最后，这位旅客还是选择将这坛水倒进井中，他的选择是正确的，干涸的水井居然奇迹般地冒出水来，他从井中汲出水，并且在喝饱了之后，又将坛子装满水，重新埋了回去。他这样做，不仅使自己喝饱了水，还为其他的旅客留下了喝水的机会。

这个故事告诉我们：“要想得到我们自己想要的东西，就必须有所奉献。只有你懂得付出，才会有收获，不能先想得到自己想要的东西之后再去付出，不能只抱着自己的那一点始终不放手。”

这就是所谓的“将欲取之，必先予之”，这也是我们在为人处世中不可缺少的法则。

同样的道理，一位领导对下属也应该做到先给予再图回报。在我们现实生活中，有很多领导，往往只是一味地强调自己手下的人应该这样做或是那样做，有时候，还会强制下属做不是他们分内的事情，就算是下属遵从了自己的意思，却也从未对下属的表现给予奖励或是称赞。

这样的领导，无论是出于什么样的动机，长久下去，就会造成两种结果：第一种就是，下属们不听从领导的指挥，说领导的不是；第二种就是，他们会公然反抗，直接就跟领导翻脸。无论是哪一种结果，都会使领导失去自己的权威。

北宋后期，贪污受贿之事大肆泛滥，政治腐败，司法不公，国家到了民不聊生的地步。朝廷也为此大伤脑筋，想方设法地严厉整治，但是无论怎样的处罚都收效甚微。

皇帝非常着急，于是就问王安石到底是怎么回事，要怎样做才能够改善这件事。

王安石给皇帝分析道：“现在制定的官吏俸禄如此微薄，有的州县的官员做了六七年的官只能拿到三年的俸禄。他们也不是什么圣人，这样的话，再让他们讲什么仁、义、礼、智是根本不可能的。这就使官位比较高的官员相互贿赂，私自经营自己的买卖；那些官位比较低一些的，就只能做一些小买卖。生存都成问题，何谈发愤图强呢？在这样的情况之下，他们怎能做好自己的本职工作呢？要说到强国之本，恐怕更谈不上了。”

后人将王安石的话解释为：有一些家境本来就贫寒的知识分子，需要养家糊口、扶老携幼，千里迢迢地去上任，俸禄本来就已经够微薄了，还有一些知识分子所在的州县本就比较贫困，那些身份地位比较高的官员出于私怨又不喜欢他们，就因为这样，有些官员一年到头都拿不到一份俸禄。也有一些知识分子借款去上任，还要忍受寒冷、饥饿和客居他乡，最后拿不到俸禄，狼狈地逃回家中。

这哪里是去做官啊，简直就是要他们的命啊！可想而知，除非是圣人，否则谁还会忍受这样的境遇呢？不仅如此，朝廷还要告诫他们说：“你们不要贪污受贿啊，要秉公执法办事，我们会监督你们的。”哎！监督有什么用啊？

这个故事告诉我们：不懂得给予不但得不到回报，反而还会造成不良的后果；反之则会得到意想不到的收益。

无论是在与人交往，还是作为上级来管理下属，给予别人都会比一味地惩罚更有效果，也显得更人性化。

所以，作为领导对下属要讲究给予，而所给予的不论是物质上的奖励，还是精神上的鼓励，或者是给予一点感情上的温暖，都会十分有效。即使不能给予奖励，作为领导，至少也要适时地肯定下属的成绩，这样下属才会听从你的安排。

背道而驰，令人惋惜

有的人做出决定后很难轻易去改变，也很难听进他人的建议。这是十分危险的现象。一个人一意孤行，不听任何人的建议，他注定会变成一个悲剧。所以，当你的决定和大多数人相反时，应该好好地反思。如果经过深思熟虑，还觉得自己是对的，那么就继续坚持。不然，就改变它。

汉王三年（公元前204年）九月，项羽亲率大军东征彭越，刘邦趁机派郦食其前往齐国劝降。与此同时，韩信也按照刘邦之命率兵东进，准备攻打齐国。

当韩信到达平原（今山东平原南）时，齐王田广听从郦食其的劝说，背楚降汉，于是韩信就想停止东进。齐国说客蒯通来投，对韩信说："将军奉汉王之命去攻齐，今汉王又暗中派人去劝降，既无汉王命令，将军怎能按兵不动呢？再说郦食其仅凭三寸不烂之舌就说降了齐国70多座城池，而将军数万人马征战一年，才攻下赵国50多座城池。你一个堂堂大将军，还不及一个书生吗？”

一席话终于使韩信下了最后的决心，于是下令大军渡河，继续向齐地进发。

齐王田广听从郦食其劝降之后，对韩信的行动毫无戒备，天天和郦食其饮酒作乐。汉王四年十月，韩信率大军突袭齐国在历下（今山东济南西）的守军，直逼齐国都城临淄（今山东淄博）。齐王以为受了骗，一怒之下将郦食其烹死在油锅里。急忙领兵逃到高密（今山东高密西南），同时派人向项羽求援。

项羽立即派大将龙且率军20万与齐王会合，齐楚联军准备迎战韩信。

楚国将领龙且手下谋士献计说：“汉军长途奔袭，远斗穷战，锐不可当；齐军在本土作战，牵挂家室，容易溃散。最好的办法是令军士挖沟筑垒，让那些已丢失了城邑的人知道齐王还在，楚王发了救兵，这样他们就会纷纷起兵反攻韩信。汉军处处受敌，断绝给养，定会不战自退。”

龙且不以为然，他有自己的算盘。此番率军前来，名为救齐，实则是想趁机夺占齐地。他对其心腹说：“我军此番前来是为了救齐，如汉军不战而降，我还有什么功劳呢？现在我战而胜之，齐国大半疆土岂不举手可得？”

龙且做梦也没有想到，韩信正连夜为这位骄傲的将军准备墓地。几天以后，两军在潍河两岸摆开阵势，龙且在河东，韩信在河西，交战将要开始。

韩信仔细观察战场地形，决定再用水战破敌。他连夜秘密派人装满1万多个沙袋，将潍水上游堵起来，这样下游河水就变浅了。

次日上午，韩信率军过河进攻龙且。龙且见状毫不示弱，亲率大军迎敌。双方未战几合，韩信佯败退兵。龙且不知是计，以为汉军无能，得意地说："我早知道韩信胆小。"于是，传令全军渡河追赶，幻想一举消灭韩信。

当齐楚联军刚刚冲到河心，韩信暗令埋伏在上游的汉军扒开沙袋，飞奔而下的河水将正在渡河的齐楚联军截为两段，被大水卷走的士兵不计其数。

韩信回兵掩杀过去，一举全歼了已过河的齐楚联军，齐王逃跑，龙且战死，留在东岸尚未渡河的齐楚联军见主帅已死，纷纷丢盔弃甲，落荒而逃。就这样，汉军占领了齐国全境。

韩信平定齐国，楚汉之间已势均力敌，谁胜谁负，韩信起着举足轻重的作用。刘邦为争取韩信，采纳张良、陈平的建议，封韩信为齐王。项羽也派说客武涉往见韩信，劝韩信绝汉和楚，三分天下，为一方之主。韩信义正词严地说："臣侍项王，官不过郎中，位不过侍卫，言不听，计不用，故背楚而归汉。汉王授我上将军印，予我数万众，解衣衣我，推食食我，言听计用，故吾得以至于此。夫人深亲信我，我背之不祥，虽死不易。"

使者回禀项羽，项羽叹口气道："想不到韩信居然如此忠信，悔当初未能重用他！”

韩信连克魏、代、赵、燕、齐五国，占领了长城以南、黄河以北和山东的大部分地区，取得了北面战场的全部胜利，完成了对成皋楚军的战略包围，有力地支持了刘邦的正面战场，为刘汉政权的最后胜利奠定了坚实的基础。

汉王四年（公元前203年）九月，项羽拔营东归，向彭城而去。同年十月，刘邦见围歼项羽的时机已经成熟，便采纳张良、陈平的建议，率兵出阳夏（今河南太康县），同时传令各路诸侯率军西向，在固陵（今河南淮阳西北）会师。不久，韩信、彭越、英布等诸路兵马先后到达，从成皋到荥阳一路相连数百里，人马跃动，震天动地。刘邦见诸路兵马如期而至，心中大喜，当即命韩信为总统帅，指挥各路大军；又命萧何等人负责运输粮草，供应前方。

汉王五年（公元前202年），由于韩信占领了黄河中下游的广大地区，彭越又在梁地不断骚乱，楚军供应出现困难，形势对项羽越来越不利。汉军方面，萧何不断从关中运送兵员和粮草，支援前线，刘邦兵多粮足，在荥阳以西稳住了阵脚。

汉王五年十一月，刘邦率兵进入楚地，围攻寿春（今安徽寿县）。又派人诱使驻舒县（今安徽庐江县西）的楚国大司马周殷叛楚降汉，到了十二月，终于将项羽围困于返回彭城的路上——垓下（今安徽灵璧东南，沱河北岸的濠城）。

再说项羽兵至垓下时，登高西望，只见汹涌扑来的汉兵像蚂蚁一样多，不禁仰天长叹道：“我悔不该当初不杀刘邦！”

但敌人就在眼前，后悔也没有用，他只好命10万将士就地扎营，准备与汉军决战。

韩信将30万人马分成10队，布置成“十面埋伏阵”，四环接应。请刘邦守住大营，自己亲率3万人马上前挑战。

汉军士兵按韩信命令，冲着楚营高喊：“人心皆背楚，天下已归刘。韩信屯垓下，要斩霸王头!”

项羽气得七窍生烟，率众冲杀出去。两军相接，交战几个回合，韩信且战且走，把项羽引进了包围圈。

忽然杀声四起，汉军伏兵两路杀出。两军鏖战一阵，项羽冲开汉军，直追韩信。没追出多远，又有两路伏兵杀出，截住项羽，再度厮杀，不多时，又被项羽冲破。项羽气得血往上涌，一心要抓住韩信，径直追去。接着汉军伏兵四起，将楚军团团围住。项羽方知中计，只得奋力杀开一条血路，带领残部退回垓下大营。

十万楚军经过几番厮杀，剩下的已不足两三万人，一晃过去几天，粮草断绝，外无援兵。时值隆冬，寒风刺骨，楚军将士忍饥受冻，多有怨声。

这天夜里，寒风凄凄，随着凄厉的风声，四面隐约地传来楚歌：“寒月深冬兮，四野飞霜，天高水涸兮，寒雁悲怆。最苦戍边兮，日夜彷徨，披坚执锐兮，孤立山冈。虽有田园兮，谁与之守？邻家酒热兮，谁与之尝？白发倚门兮，望穿秋水。稚子忆念兮，泪断肝肠。终生在外兮，何时反省？妻子何堪兮，独宿空房。一旦交兵兮，蹈刃而死。骨肉为泥兮，衰草沓茫。魂魄幽幽兮，不知所往。壮士寥寥兮，付之荒唐……"

项羽听了，暗暗吃惊，对身边的爱妃虞姬说："莫非汉军已把楚地全占了吗？为什么汉军里有那么多楚人呢？"

楚军将士也被这歌声引发了思乡之情，无心再战，纷纷逃散，跟随项羽多年征战的将军们，也暗地里不辞而别，就连项羽的叔父项伯也偷偷离去了。

一夜之间，项羽身边只剩下了千余人，当日凌晨，项羽突围，几经转战，来到乌江边。见前有滔滔江水，后有汉将灌婴率兵紧追不舍，项羽心灰意冷，觉得无颜再见江东父老，于是拔剑自刎，历时四年的楚汉战争以刘邦胜利而告终。

纵观韩信立下的显赫战功，无一不体现孙武所说的"藏"和"攻"这两点。尤其是对魏、赵、齐的作战中，韩信为求让敌人摸不准自己的意图和实力，分别采取了"声东击西""背水列阵"和"断水塞流"的战法，对手对他的战略意图始终无法察觉，也根本无从准确掌握他部队的实力、动向，由此做到了把实力"藏于九地之下"。而一旦敌人有所懈怠，他立刻奇兵突击，敌人自然是一击而溃。

在这里，我们并不过多地去讨论韩信的用兵如神，而是关注下可怜的项羽，由于固执己见，他最后只能落个自刎的悲惨结局。

试想，如果当时项羽听从手下的建议杀了刘邦，也许会是另一番天地，但他一意孤行，最终只能是失败。

回溯战国时期，苏秦是口齿最灵，最善于游说的一个人。当年此人说动了原本互相观望的六个国王，让他们实现了“合纵联合”，实力可见一斑。苏秦回到燕国以后，声名鹊起，一时遭到了燕易王母亲的青睐。这个国母文侯夫人年轻守寡，今日终于找到知音了，那就是足智多谋的苏秦。一来文侯夫人老了，二来各自身份特殊，这场恋爱实在没法明着谈。

女人为了爱情可以不顾一切，男人除了爱一个人，还要爱事业。于是没过多久，苏秦开始反思，他的担心并不多余，因为一旦燕王发觉了他和文侯夫人的关系，自己一定会被杀掉，于是他想设法摆脱文侯夫人。还以工作为由，苏秦向燕王提出：我要到齐国去，假装投降他们，而实际使用反间计。

不出所料，燕王同意了，苏秦到了齐国，心想我可算解脱了。齐国国王一见苏秦来了，特别高兴，盛情款待。哪知，苏秦因为太受宠而招来了齐国大臣们的嫉恨。

期间有一次，苏秦献计：齐国应参与到合伙伐秦的大计划中。而孟尝君觉得，这一仗未必能打赢。齐闵王认真权衡，听取了孟尝君的建议，没有参与那场“殴斗”。结果正如孟公所言，四国没有打过秦国。

于是孟尝君受嘉奖，苏秦记大过。墙倒众人推，破鼓万人捶。那些早就嫉恨苏秦的人认为时机已到，于是雇用了一名刺客，竟然在朝堂上就将苏秦刺杀了。但齐闵王并未放弃苏秦，一边为苏秦治疗，一边到处缉拿凶手，怎奈苏秦还是奄奄一息了。

苏秦自知天命已尽，最后留给齐闵王一个嘱托：“大王，待我死后，你把我的头颅悬挂起来，挂到最明显的地方。然后您就向世人宣布，苏秦反间于齐国，他是为燕国而来的，他死有余辜。所以谁杀死他谁有功，可以领赏金千两。”计谋不错，在齐闵王的操控下，凶手果然现身了。当然，凶手上当了，背后的主谋也上当了，齐闵王借助这一计策找出了真凶，最终将他们绳之以法。

由此看来，苏秦不枉聪明绝顶之人，即使自己死了，也要死得明明白白，死得光明磊落。他能够在自己死之前向齐闵王“借”刀，最终死后除掉一连串大大小小的凶手。只不过代价有点大，因为他只能在天上看到凶手被绳之以法了。

在此，我们并不去对苏秦的计谋做过多的赞赏，而是对于苏秦为何命丧齐国进行分析。不难知道，苏秦正是因为在齐国太受宠而遭到了当地权贵的嫉妒，才逢此难。

不论是枪打出头鸟也好，还是特立独行，总是会受到众人的刁难，苏秦聪明一世，糊涂一时，没有理清眼前的事实，尽管聪明绝顶，最后还是没有好的下场。

在生活中，我们可以有自己的个性，可以有自己的想法，但有一点，如果你的想法和所有人的利益都有冲突时，这个时候应该好好地思考下，这样做到底对不对。如果盲目地跟随自己的想法，很可能落到众叛亲离的地步。

团结起来才有力量

无数条江流湖泊便能汇成一片无边无际的大海，无数棵青树便能编织出一片郁郁葱葱的森林。世界的事物都是如此，个体也许并不庞大，但当个体团结在一起，形成一个整体的时候，事物便会发生质的变化，产生无穷的效益及力量。因此，想要成为一个成功的人，你要的不仅仅是聪慧的头脑以及超乎常人的执行力，你还需要把看似一盘散沙的人们团结起来，为自己所用。这个时候你会发现，团结起来的力量令人震惊。

生活中，如果你有一双善于观察的眼睛，那么，你会发现周围无处不孕育着新的商机。那么，当你真的打算去把这个商机发扬光大的时候，会不会有新的问题出现?

答案是肯定的，仅凭一人，再好的商机也无法做大做强，想要做出一番成就，还得靠团队。

曾经有过这样一个真实的故事。故事的主角基姆·瑞德出生于纽约。由于学历不高，家境也一般，他只好从事沉船寻宝工作。这项工作很累，工资也不高，做了一段时间便放弃了。因此，他又陷入了失业的境地。

不过，他很善于发现商机。一次偶然的机会，他在朗伍德洛岭高尔夫球场看球的时候，打球者由于失误把一只高尔夫球打进了附近的湖水中。这时，他灵光一闪，觉得自己发现了一个商机。

为了证明自己是对的，他找到许久没用的潜水工具，像一条鱼般跳进了朗伍德洛岭高尔夫球场附近的湖中。

果然如瑞德所料，湖底躺着白茫茫的一片高尔夫球，那些全是打球者因失误打进去的。日积月累，这么多年下来，里面可能有数以万计的高尔夫球。

他立即从湖底捞起一些高尔夫球，兴奋地发现这些球大部分都跟新的一样。发现了这个商机后，他立即从湖底大量打捞，并以10美分一只的价钱卖给球场经理。

仅仅一天的时间，他共捞了2000多只，回家的时候他数了下钱，这是他以前在从事沉船寻宝工作时一周的工资。

回到家，他又想，以便宜的价格卖给球场经理十分吃亏。于是，第二天，他把球从湖底捞出来后，直接带回家，花钱雇工人洗净、重新喷漆、包装。这样一来，他就能以新球价格的一半出售给其他人。由于他卖的高尔夫球跟新球没有什么差异，再加上价格十分吸引人，生意很好。

再后来，这个商机被其他的潜水员知道了，他们也开始从事捞球工作，这样一来，瑞德觉得与其自己一个人捞，不如从他们手中收购这些旧球，自己再拿回去回收利用。于是，聪明的瑞德以每只8美分的价格将旧球从这些人手中收购过来，然后放到自己新开的公司里重新加工。不久后，他的财富已经达到800万美元。

一次偶然的机会，有人问到他成功的原因："当别人知道了你的商机，你不怕别人抢你的饭碗吗？"

瑞德是这样回答的，他说："一个人的力量是有限的，如果能把别人的力量都拉拢过来，团结在一起，力量不是更大吗？"

是啊，如果瑞德没有把那些人都团结起来，他只能赚点小钱，过上比以前稍微好点的生活。但聪明的瑞德并没有担心自己发现的商机被别人知道，而是充分利用团队的力量，为自己创造更大的财富，这才是真正有智慧的商人。

现实中，很多人发现了商机，往往选择把它埋在心底，偷偷地去努力，结果努力了许多年，仍然没有什么起色，就以为这个商机不行，选择放弃，打算寻找下一个商机。

这个做法是十分错误的，也许，你当时发现的是一个十分有价值的机会，只是没有团结大家的力量，仅依靠一个人的力量是远远没法达到的。

毕竟，真正的高度，需要厚度来支持，那厚度，就是那些你团结过来的力量。

团结就是力量，从很早就开始说的道理，现在能明白的人依然不多。在我们这个社会，最终的目标是共同富裕，很多人在自己达到了富裕的目标后，便整天无所事事，安于现状，这个也是十分危险的现象。因为，人与人之间总是存在千丝万缕的联系，财富并不是恒久不变的，不可能一个人坐享其成。只有达到共同富裕，大家的财富团结在一起，那才会真的安全。

很久以前，有两个人出去旅游，结果在一个山林里迷路了，他们又累又饿，几乎走不动了。就在这时，一位长者刚好路过，看到失魂落魄的他们，心生怜悯，送给他们一些东西：一根鱼竿和一篓鲜活的鱼。但两人都饥饿难耐，想要更多的东西。

长者说："我这里只有一篓鱼和一根鱼竿，没有别的东西，你们两个商量着分了吧。"两人沉默了一下，心照不宣地拿走了自己想要的东西，其中一个要了一篓鲜活的鱼，另一个则要了那根鱼竿。

长者走后，两个人心中各有打算，于是他们分道扬镳了。

其中一个得到鱼的人十分开心，他觉得在原地就用干柴搭起篝火是个不错的选择，这样他就能马上吃鱼了。他立即变想法为行动，在附近捡了些干柴，搭起了篝火，煮起了鱼。

由于十分饥饿，鱼还未完全煮熟，他就狼吞虎咽吃起来。结果，还没有品出鱼的鲜香，他就连鱼带汤吃了个精光。

他吃得很饱，当然也很满足，然后又美美地睡了个觉。不过等他醒来，发现自己又饿了，想再煮鱼，但发现鱼已经被自己吃光了。他不得不去山林里找食物，却一无所获，最终被活活饿死在空空的鱼篓旁。

那么，另一个人呢？从上次和拿鱼篓的人分别之后，他为了实施自己的想法，提着鱼竿继续忍饥挨饿。

原来，他希望带着鱼竿到海边去，这样一来，不但不会饿死，还能钓到更多的鱼，或许以后还能卖给别人，赚点钱。

想到这里，他很开心，步伐越来越轻快，觉得马上就要到达海边，到达幸福的地方。

不过，事与愿违，就在他连续走了几天之后，他发现附近到处都是山峰。他继续一步步艰难地向海边走去，但已经开始怀疑海洋可能离这里太远，靠走是到不了的。

他想租个马车，不过荒山野岭，哪里有马车路过呢？终于，他看到了不远处那片蔚蓝的海洋，不过双脚却渐渐没有力气，眼睛也开始无法看清远处，最后浑身仅有的一点力气也使完了。

结果可想而知，他竟然活生生地饿死在离海洋不过几千米的地方。

后来，据说又有两个饥饿的人，他们像之前的两人一样，去玩的时候迷路了，又有个长者送给他们一根鱼竿和一篓鱼。不过这两个人很有团结精神，没跟之前的两人一样，把所得的东西分掉，然后各奔东西。

他们坐在原地交谈，思考了一番。于是他们决定共同去找寻大海。

为了不让彼此饿死，他们每次都只煮一条鱼一起食用，许多天后，经过长途跋涉，他们终于来到了海边，此刻他们发现鱼篓里刚好没有了鱼。

从此，两个人为了生计，开始了捕鱼为生的日子。

时间过得很快，他们在几年后捕鱼盖起了房子，有了各自的家庭、子女，甚至还自己建造了渔船，过上了幸福安康的生活。

不过慢慢的，新的情况又出现了。其中一个人，他见生活很富裕，便不思进取，对捕鱼不再上心，有时看到外面天气不好，就会待在家里休息。而另一个人，无论外面天气多么恶劣，他都坚持早出晚归，捕足够的鱼，然后拿到市场去卖。

一年后，市场不再需要鱼。那个很懒的捕鱼者，不得不面临再次贫穷的现实。而那位勤劳的捕鱼者，早就积累了足够的财富，过得丰衣足食。

这个故事告诉我们这样一个道理：做人一定要勤劳。同时我们也能从中领悟到，团结才是力量。

刚开始两个人在一起的时候，通过合理的协商，一起努力，很顺利就找到了大海。分开后，其中有个人却因为懒惰而沦落到贫困的窘境。

团结就是力量，这不是一句空话。因为团结就意味着团队，意味着更多的资源。只有团结，我们才更加强大。

机遇，一个需要长期关注的重点

为人处世的智慧是一门精深的学问，要想使自己在成功的道路上走得顺利，还要有朋友在你的背后为你撑腰，这样你的人生旅途才能畅通无阻。如何才能使你身边有这样的朋友呢？这就要求你在看待人和事的时候有一双洞察世事的眼睛。

为人处世最重要的就是：灵活处世，厚结人缘，少得罪人。只有这样，你才能在成功的道路上多得到一些帮助。但是，除了上述的这些条件之外，有时候还需要结识一些朋友，与这些人结交，和他们建立良好的人际关系，靠他们的力量来达到自己的目标。

汉朝时期，邓禹就是一个慧眼识“贵人”的人。邓禹早在游学京师之时就看出同在京师游学的刘秀是个不凡之人，于是他主动与刘秀亲近、交往，两个人在交谈之际发现双方志趣相投，所以很快就成为无话不说、亲密无间的好朋友。

公元23年，农民起义之后，刘玄被推上了皇位，并以汉朝的旗号发展义军。当时起义军的领袖听说邓禹这个人才华横溢，于是将邓禹推荐给刘玄。邓禹敏锐地发现刘玄政权的内部有很多矛盾，便知道刘玄是个难成大事的人，于是面对他一次又一次的邀请，邓禹都婉言谢绝。

有一年冬天，刘秀以大司马的身份被刘玄派去安抚郡县。当邓禹知道这个消息之后，便快马加鞭去追赶刘秀，一直追到邺城才追上他。两个人当天晚上同床而卧，彻夜长谈，谈论天下大事。

邓禹看出刘秀并非等闲之辈，将来必定会成大事，便给刘秀分析当前的形势，并向刘秀建议自立政权、号令群雄。他对刘秀说道："目前的刘玄虽然已经定都关西，但是此时关东还未安宁。称帝的刘玄自己就是个庸碌无为之辈，各路的起义军都各自为战，划分地盘。在这种情况下，即使你为他立下汗马功劳，也不能与汉高祖的事业相媲美。如果你自立政权，号令天下，我相信以你的能力一定能够平定乱世，建立万世功业。"

邓禹的一番推心置腹的建议，坚定了刘秀创立帝王大业的决心。于是，第二天刘秀便宣布自立，并任命邓禹为大将军，开始了他的霸业路程。

不久，刘秀受到了新莽王朝的攻击，心中感觉到自己势单力薄，难以做成大事，还有些灰心丧气，与邓禹交谈的时候情不自禁地流露出畏难的情绪。

邓禹对刘秀当然是很有信心，便安慰刘秀说："现在的天下，百姓流离失所，人心惶惶，天下的老百姓都盼望着有明君出来做主。并且自古以来，能够成就像帝王那样大业的人都是品行出众的有才之士，而不是那些一时得势的人。所以，目前势力的大小不能代表未来的成功与失败。”刘秀听了邓禹的话之后，认为他所说的话很有道理，于是打起精神。在邓禹等人的扶持下，最终建立了东汉王朝。邓禹也被封侯，创建了自己的功名事业。

我们要学会慧眼识“贵人”，通过“贵人”的指导与帮助，找到走向成功的捷径。结识“贵人”其实就是一种机会，但是很多人抱怨自己没有这样的机会。在这里不妨告诉你，在你的身边有很多的机会，就是需要你自己用心去发掘。

当你在勇攀事业高峰的路途中，有无“贵人”的帮助往往是你能否取得成功的重要因素。得到“贵人”的帮助不仅会使你在走向成功的路途上节约时间，还会加大你成功的筹码。如果你自己本身的能力不足，又没有什么经验可言，那就更需要“贵人”的帮助了。

爱因斯坦就是一个很好的例子。在他成名前的一段日子，生活条件非常艰苦，就是靠着同窗格罗斯曼的帮助，才渡过难关，最终成为科学巨匠。

1896年，爱因斯坦考上瑞士苏黎世联邦工业大学，那时候他才17岁，攻读物理专业。爱因斯坦上大学期间学习非常刻苦，经常废寝忘食，同时还选修了几门课程。4年之后，他以优异的成绩毕业。但是，他的毕业也就意味着失业，他始终没有找到稳定的工作。爱因斯坦整日劳累奔波，最终染上了严重的肝炎。

经济上的窘迫，使爱因斯坦不得不在街头巷尾张贴小广告，勉强度日。因此，他曾为老同学帮自己找到几个月的短工而喜出望外。对于那段艰难的日子，他的同学这样描述道："多可怜的爱因斯坦啊，整天就差拿着小提琴挨家挨户地演奏乞讨了。"但艰难的环境也没有动摇爱因斯坦搞科学研究的决心，他还是坚持研究他所感兴趣的物理，构思他的学术论文。爱因斯坦曾说："如果能找到一个稳定的工作就好了，就算工资少一点也没有关系，那样我就可以把学术论文写出来了。"

正当爱因斯坦走投无路的时候，他的大学同学格罗斯曼帮助了他。格罗斯曼的父亲有位好朋友，在伯尔尼做专利局长，通过格罗斯曼父亲的引荐，爱因斯坦在伯尔尼专利局得到了一份技术员的工作。爱因斯坦在伯尔尼整整待了7年，期间所有业余时间都用来搞研究。之后，他在科学领域中创造了一个又一个伟大的奇迹。成名之后的爱因斯坦依然很感激他的大学同学格罗斯曼。可以说，如果没有格罗斯曼的父亲的帮助，爱因斯坦也不会取得这么伟大的成就。

我们每个人身边都有很多的朋友。他们分布在各行各业之中，也许有一天，我们这些朋友中的某一个人就会变成我们的"贵人"。"贵人"每时每刻都在我们身边，关键是看我们是否善于与他们结交。社会在变，生活在变，“贵人”也不断地变换着，所以我们要不断地结交一些“贵人”。要知道，单枪匹马难成大事，要想把雄心壮志发挥出来，就必须结交“贵人”，靠“贵人”的帮助和提携完成我们的宏伟大业。

“贵人”最可贵的一点是，他能真正给我们带来帮助，不仅仅指提供资金或者权位，有时他会给我们带来赚钱的商业信息，有时他只是给了我们一些善意的建议或者咨询，有时他给了我们有益的指导和训练，甚至仅仅是激发我们灵感的一句话，这些都可能改变我们的命运。所以，我们的父母、亲人、子女、朋友、同事、老师，哪怕是竞争对手和陌生人，都可能是改变我们命运的“贵人”。

德国有一个工人在生产一批纸时，因为不小心弄错了配方，结果生产出来大量不能书写的废纸。公司对他十分不满，于是他被扣工资、罚奖金，最后还遭到了解雇。

这对他来说绝对是一件糟糕的事情，正在他为此沮丧的时候，他的一位朋友的劝告给他带来了灵感。这位朋友让他将问题反过来看，看能否从错误中找出好的方面来。他将那批废纸进行了实验，很快就发现这批废纸的吸水性相当好，可以用来吸干家庭器具上的水。

这个发现令他欣喜若狂，他设法从公司低价买来这批废纸，将这批纸切成小块，取名“吸水纸”，拿到市场上出售，相当抢手。这个错误的配方只有他一个人知道，他后来甚至申请了专利。就靠这个错误，靠他朋友善意的建议，他发了

大财，成了富翁。毫无疑问，这位朋友就是他的“贵人”。

机遇是什么？机遇就是发展的优势和有利的条件。实践一再证明，在起点相同、条件相似的情况下，谁重视机遇，谁善于抓住机遇，谁就能赢得发展先机。因此有人说：“一个人的成功有一半是机遇，一旦失去了机遇，那将终身遗憾。”

要做到这一点，了解“机遇”的本身还不够，我们必须理解“待机而出”这句古代名言背后蕴含的意义。

诸葛亮是三国时著名的政治家和军事家。15岁时为逃避战乱随家人离开山东老家辗转定居在湖北襄阳，17岁时隐居在襄阳城西的隆中。他少有大志，常把自己比作春秋时的大政治家管仲和军事家乐毅。隐居隆中后，诸葛亮边种地，边修学，静观天下，待机而出，人称“卧龙”。

汉末以来，军阀混战的形势已趋明朗。

曹操基本上统一中国北方，势力最大。孙权割据江东，统治巩固。刘表、刘璋等军阀也各有地盘。刘备在参加镇压黄巾起义军中，组成了一个势力不大的军事集团，屡被曹操击败，被迫辗转投靠各地军阀，没有自己的固定地盘。为发展自己的势力，刘备到处访寻人才。他“三顾茅庐”，请诸葛亮出山辅佐自己。

诸葛亮向刘备精辟地分析了当时形势并提出了对策，并由此出山登上了政治舞台，成为刘备的主要谋士，掌握了刘备的军政大权。诸葛亮为蜀汉政权的建立和巩固，做出了巨大的贡献。

以诸葛亮的才能，辅佐任何一方都可以获得成功，为什么他偏偏选择了势力最弱小的刘备呢？真的是因为刘备的三次拜访才出山入世的吗？

毫无疑问，诸葛亮面对上门的机遇是做过选择的。

曹操好比是掌握着一家大公司，兵强马壮、人才济济。

曹操也是个重视人才的人，即便对不是真心为自己出力的徐庶也是礼遇有加。

诸葛亮才能胜过徐庶，投靠曹操，待遇自然不在徐庶之下，甚至会获得更高的地位，可诸葛亮第一个放弃的就是曹操集团。

在诸葛亮看来，曹操集团的弊病在于机构臃肿，人事关系复杂。各种利益关系纠结已久，自己以一个“外人”的身份进入而且能力明显高于别人，即使曹操看重他，对他言听计从，他也无法避免遭人暗算，而且之前已有不少这样的先例。或许他够幸运，曹操可以保护他，但曹操毕竟是暮年之人，一旦有个闪失撒手人寰，那么生前最受宠信的他必然是众矢之的。

另外，看曹操集团当时的情况，只要不出大的内乱，即使手下都是庸才，但在既定程序运行下，不会出问题。诸葛亮去了也不外是和一群庸才一起对曹操歌功颂德，就算偶有妙计，那也是曹操英明，不是自己的能耐。还有自己既然知道曹操集团的“命门”，何不另寻机遇，将来一举破之，岂不是能获得更大的利益吗？所以诸葛亮果断决定，宁肯老死荒山也不去为曹操效力。这是明智的选择。

江东的孙权集团情况和曹操集团差不多，而且诸葛亮的哥哥就在为孙权集团工作，诸葛亮自然清楚孙权集团的真实情况。

至于刘表等人，在诸葛亮看来都是些“山大王”性质的军阀头目，迟早要被曹操剿灭。他们本身都已经朝不保夕了，自己去了不但要收拾一个烂摊子，还照样要面对存在多年的利益纠葛，这种事情非但费力不讨好，还可能危及自身的安全，自然不是明智之选了。

这样说来，诸葛亮看中刘备集团的原因其实也很简单，主要是当时刘备集团的人事关系非常简单，自己加入后，只需面对两个对刘备言听计从的同盟兄弟，其余人等也都是具体办事人员，和自己没有工作上的冲突。这样一来，自己上手工作遭遇的“意外”就很少，加上领导对自己很看重，只要自己能力得以施展，企业虽小，但发展空间很大。对自己来说，在这里工作比其他几家更有前途，所以他才做出了最后的选择。而事实也证明，他的选择是正确的。

诸葛亮熟读经书，之所以隐居不出，遵循的就是孔子“君子藏器于身，待时而动”的教诲。那他自然也清楚“机不可失，时不再来”。

因此，他报效刘备绝不是一时冲动做出的选择，正是依据“见机不遂者陨功”的道理才答应刘备的邀请出山相助，说到底还是看到刘备为自己未来发展提供了最好的机遇，让自己取得了一生可能达到的最辉煌的功业。

诸葛亮的选择告诉我们，“机遇”有时并不是灿烂夺目。当它“光顾”你的时候，必须要认真甄别，看清机遇背后蕴藏的玄机，不要急于决定，要综合所有的信息分析利弊。还要牢记机遇意味着挑战，存在着风险，自己是否有足够的心理准备去承担，一定要谨慎权衡。

当然，“贵人”可以是平凡的，也可以是伟大的。一切能激励我们向前，推动我们进步，引导我们走向更好未来的人，都是我们的“贵人”。我们要学会结交“贵人”，借他们的实力来帮助我们实现崇高的理想。

展现最好的一面给他人

在对手面前，千万不能把自己的弱点和不足全部暴露出来，否则会有被击垮的危险；真正聪明的人擅于掩藏自己的“短板”，在暗地里观察对手，直至取得成功。

大家知道第二次世界大战时的诺曼底登陆为什么能够成功吗?

1943年5月，英美华盛顿会议决定于1944年5月在欧洲大陆实施登陆，开辟第二战场。

盟军首先确定登陆地点，当时有三处地区较为合适：康坦丁半岛、加莱和诺曼底。

进一步比较，康坦丁半岛地形狭窄，不便于展开大部队，最先被否决。

加莱和诺曼底各有利弊，加莱的优点是距英国最近，仅33千米，而且靠近德国本土；缺点是德军在此防御力量最强，守军是精锐部队，工事完备坚固，并且附近无大港口，也缺乏内陆交通线，不利于登陆后向纵深发展。

诺曼底虽然距离英国较远，但优点一是德军防御较弱；二是地形开阔，可同时展开30个师；三是距法国北部最大港口瑟堡仅80千米。几经权衡比较，盟军最终选择了诺曼底。

为实施这一战役，盟军共集结了多达288万人的部队。

陆军共36个师，其中23个步兵师，10个装甲师，3个空降师，约153万人。海军投入作战的军舰约5300艘，其中战斗舰只包括13艘战列舰、47艘巡洋舰、134艘驱逐舰在内约1200艘，登陆舰艇4126艘，还有5000余艘运输船。空军作战飞机13700架，其中轰炸机5800架，战斗机4900架，运输机、滑翔机3000架。

这是人类历史上规模最大的一次登陆战，为了确保胜利，盟军从准备行动之初就确定了“隐藏实力、迷惑敌人、突然打击”的战术，为使德军统帅部出现判断错误，盟军运用了双重特工、电子干扰，设立伪装部队及船只等一系列措施。还让巴顿将军在英国进行战前演说，四处制造加莱登陆的假象。同时，还找到一个和蒙哥马利长得极像的人在北非冒充蒙哥马利，使得德军统帅隆美尔以为蒙哥马利一直在北非。

由于一系列的伪装活动和严格的保密措施，德军统帅部在很长时间里对盟军登陆地点、时间都做出了错误判断，都以为盟军将在加莱海滩登陆，这就导致了德军在西线的大部分兵力、兵器被浪费在加莱地区，而诺曼底则兵力单薄。

1945年6月6日，盟军准时发动了“霸王行动”。由于成功地“藏于九地之下，动于九天之上”，这场战役充分体现了其“突然性”，可以说是受到欺骗的德军自己把胜利的机会交到了盟军的手上，因此战役从一开始就注定了谁是胜利者。

综合来说，“善攻者动于九天之上”的原则就是在具有一定能力的情况下，要想获得成功，必须要积极主动寻觅战机，必须牢记的是，任何防御都不可能是完美的，只有通过进攻来保护防御中的漏洞，这样自己的弱点才不至于遭到对方的攻击，从而确保自己的胜利。

古有韩信一击制胜，我们若要像他那样，就必须具有高度的“战略眼光”，要仔细观察环境的每一个角落，让对手在自己面前没有秘密。这才能保证攻击时不出现预料之外的情况。

因此防守不仅仅是等待对手出招，而且是观察对手如果出招，将受到什么样的制约。

当发现那些制约胜利的因素后，应该认真思考自己如何避免这样的制约作用于自身。因为有了这种对全局的考虑意识，古今中外的那些名将们才敢于冒险，因为通过认真观察，他们知道成功的概率远大于风险。

外人看不到他们“运筹帷幄”，只看到他们“决胜千里”，因此感到自己能力确实不足以获得成功，其实只要明白“藏”与“动”的关系，全局考虑，敏锐捕捉战机，任何人都可能成功。

居安思危，切勿得意忘形

对于飞机驾驶员来说，事故发生最多的时候不是飞行中，而是飞机回到停机场时，因为这个时候飞机驾驶员容易丧失该有的警惕和注意，大意的操作终究会带来厄运。人生也是如此，就算此刻正处于成功时期，家庭美满、事业发达，还有一定的名望和地位，也不能得意忘形。这个时候，我们仍然要懂得居安思危，让自己的成功走得更远。

在功成名就之时，依然不可掉以轻心，依然需要保持清醒冷静的头脑。即使强大的竞争对手倒下了，也并不代表自己已经取得了最终的胜利。

面对残酷的现实环境，必须要懂得处世之道。也就是说，即使获得了巨大的成功，也不能得意忘形，在一切都顺利进行的时候，要懂得居安思危之道。把一切会威胁自己的或者可能会对自己不利的种种危险遏制在萌芽阶段，防患于未然。即使发现了苗头，当即先声夺人，这样一来，哪怕事发突然，形势紧急，也会因自己事先有了准备措施而不至于束手无策。

当然，居安思危之道并非是信手拈来、轻易就能掌控的方法。不过还是可以从历史上找到例子的。

在春秋战国时，赵国的蔺相如精明能干，被赵惠文王所器重。有一天，赵惠文王对群臣说："赵国有蔺相如，就像是泰山一般安定稳固，我大赵国的地位因此比那九鼎还要重。这种功劳，可与日月同辉，是在座的诸位大臣所不能比的。"

说完后，就封蔺相如为上卿，位出廉颇之右。古人以右为尊，蔺相如的地位高过了武将廉颇，武将出身的廉颇当然会对此愤愤不平，心想自己为了赵国出生入死这么多年，到头来还不及一个文臣。廉颇认为赵王让只会耍嘴皮子的蔺相如位列自己之上，十分不公平，暗自生气。

事后，他怨愤地对别的大臣说："我廉颇，为了赵国出生入死，多年来攻城略地，为了赵国的安全在所不辞。论功劳，理应是我最大。他蔺相如只是会动动口舌罢了，从不曾上沙场与敌军交锋，现如今他的地位却在我之上；更可气的是，蔺相如曾经是宦官的宾客，如此低微的出身，让我如何甘心屈居于他之下？等我看到他，我一定不会让他好过的。"

俗话说，没有不透风的墙，廉颇的这番话传到了蔺相如的耳朵中。蔺相如为了避免与廉颇相遇，每次上朝的时候都托病不去，众大臣就以为蔺相如是害怕廉颇。廉颇见蔺相如不敢来上朝，也以为是他害怕自己，便得意起来，与大臣们议论这件事的时候脸上也多了几分神气。

有一天，蔺相如因公外出，恰巧这时候廉颇也外出。蔺相如远远看见廉颇的车队，急忙命令手下人将自己的马车赶到小巷，等到廉颇的车队走过去之后，蔺相如才让手下赶着马车走出来。

蔺相如的门客们对此十分不满，当即一起去见蔺相如，气愤地问他："大人，我们这些人都是过来投奔您的，为此我们远离家乡，甚至抛妻弃子。之所以这样，是因为看重您的德行，仰仗您的人品。如今廉将军与大人您同为朝臣，地位又在您之下，况且廉将军口出狂言，蛮横无理。您非但不报复，反而在大路上都躲着他；您如此胆怯畏缩，实在让我们做门客的羞愧，我们不如趁早离去，免得以后与您一起受到羞辱。"

蔺相如听到门客们所说，并不感到惊讶。他对门客们说："你们都是精明的人，你们认为廉将军厉害还是秦王厉害？"

宾客们说："这还用问？廉将军当然比不上秦王。"

蔺相如笑笑说："凭着秦王的威严，天下之人没有能够与他抗争的，而我却敢当着他的面斥责他，而且还侮辱他的那些大臣们。我虽然没有什么才能，但也不至于怕一个廉将军。诸位你们想想看，秦王如此蛮暴，肆意侵吞他国，而迟迟不敢对赵国动武，原因何在？"

宾客们回答不上来。蔺相如又说："秦王之所以不对赵国用兵，是因为他知道赵国有我和廉将军。两虎相斗必有一伤的道理大家应该明白，如果我和廉将军相争，正好如秦王所愿，他就可以借机侵犯赵国了。我之所以忍着不和廉将军发生冲突，就是怕秦王乘人之危啊！”

宾客们闻言，都为蔺相如的精神所折服，对蔺相如更加敬佩。

廉颇则不同，蔺相如越忍让，廉颇就越气盛。赵惠文王对此事十分焦虑，向虞卿说起此事，虞卿便去说劝廉颇与蔺相如。他见到廉颇，立即把廉颇歌颂一番，廉颇大悦。

随之虞卿的话锋一转，说：“功劳最大的确实是廉将军，但将军的气量还是不如蔺相如。”

没等廉颇发怒，虞卿就将蔺相如对门客所言告诉了廉颇。廉颇听后深感愧疚，第二天就背负荆条，奔到蔺相如家中请罪，惭愧地对蔺相如说：“鄙人心胸狭窄，枉对相国的宽宏大量，廉某真是死不足惜！”

蔺相如赶忙上前将廉颇搀扶起来，说：“你我二人并肩事主，同是社稷的重臣，廉将军能有如此雅量，实为蔺某之幸。”

两个人由此结成了生死之交，我们今天所说的“刎颈之交”和“负荆请罪”就是因此而来的。

正是蔺相如的以柔克刚、以退为进，才避免了一场严重冲突，留下了千古佳话“将相和”。古代圣贤曾经说过：如果想要刚强，就一定要用柔来守住它；如果要想刚强，就一定要用弱来保持它。柔积得多，自然就会刚强；弱积得多，也必然会强。其实，聚积的东西决定着以后的所得。如果用强来战胜比自己弱的，那么遇到与自己实力相当的对手时就容易损伤；反之，如果用柔战胜了比自己强大的，那么这种柔的力量是不可估量的。

所以，以柔克刚，以退为进，是与竞争对手较量的利器。除此之外，还应懂得居安思危，应变自如。

春秋战国时期，楚国有一位令尹名叫斗越椒。此人性情颇为傲慢，并且自恃先辈功德无量，治国有方，而今自己在位的时候又能让人民安居乐业，甚为得意。但是好景不长，楚庄王为了巩固自己的权力，撤销了许多贵族阶级的特权。如此一来，斗越椒的许多特权也没有了。

被削弱权力以后的斗越椒，对楚庄王怀恨在心，时间久了，便起了谋反叛乱之心，于是暗自招兵买马。等到楚庄王出征讨伐陆诨的时候，斗越椒见良机已到，随即发动本族人造反叛乱，与楚庄王交战。楚兵见到斗越椒所带的叛兵们个个拉弓挺戟，威风凛凛，驰骋于楚兵周围，便开始害怕。楚庄王见强攻不得，决定智取。第二天，斗越椒得知楚庄王已经带领楚兵退逃而去，心里极为欢喜，就率领众人追赶。楚兵马不停蹄，不到一天就到了竟陵北面。斗越椒在楚兵后追了二百多里路，到了清河桥。这时，楚兵已是饥饿不堪，于是打算在桥北野炊，突然看到斗越椒的追兵已经追来，十分惊惧，赶忙弃锅逃走。斗越椒大军赶到时，楚兵已不见了踪影，斗越椒下令："捉不住楚庄王，都不许吃饭。"

斗越椒手下有一个谋士，名叫负羁，他见士兵们不情愿饿着肚子追敌，就向斗越椒建议说：“士兵们又困又饿，现在让他们抓楚庄王肯定行不通，不如先吃饱了再去抓吧！”

斗越椒听信了负羁的话，下令停车做饭。士兵们兴奋地架锅做饭，可是饭还没有熟，公子侧和公子婴就已经分率两路大军杀向斗越椒叛军。斗越椒见状狼狈逃跑，逃到清河桥的时候，见桥已被拆，没了后路。

他情急之下命令手下测量水深，打算渡河而逃，忽然听到河对岸一声巨响，紧接着就听到楚军在河对岸大喊：“乐伯在此，叛贼越椒快快下马受擒！”斗越椒哪受得了这种大辱，愤怒地下令，向着河对岸放箭。

恰好楚军中有一个士兵箭技超常，此人叫养由基，军中都管他叫作神箭养叔。神箭养叔请求乐伯，让自己与斗越椒比箭。乐伯想就此羞辱斗越椒一番，便答应了。于是，养由基在河口大喊：“令尹，河太宽，箭怎么能射得到呢？听闻令尹善于射箭，我想和你比个高低，你我二人都立在桥墩上，然后各射三箭，生死天定！”

斗越椒听到后愤怒起来：竟有人向自己挑衅！就问道：“喊话的是什么人？”养由基回答道：“我是乐伯将军部下的小卒，我叫养由基。”

斗越椒听到是个无名小卒，便轻蔑地说：“就凭你这个小卒也想与我比试箭法？你要真的想与我比试，就必须先让我射三箭。”

养由基笑着说：“行！别说射三箭，哪怕是一百支箭我也不怕！我若躲闪，令尹大人即刻把我捉去碾死！”于是，两支军队各向后撤五十步。斗越椒和养由基分别站在南、北桥墩上。斗越椒拉起弓，咬着牙，恨不得一箭把对方射到河里。一箭射出后，养由基远远望见箭飞来，只是拿起弓轻轻拨了一下弓弦，那支箭就落到了水中。养由基对着河岸大喊：“令尹大人，快射！快射！”

喊叫声把斗越椒气坏了，他把第二支箭搭上弓弦，瞅准养由基，“嗖”的一声又是一箭。养由基不慌不忙地蹲下，那支箭就从养由基的头上飞过。斗越椒见状怒道：“你刚才说不许躲闪，为什么还蹲下来躲箭？快快过来让我碾死！”

养由基说：“不慌不慌，还有一箭，我绝不闪躲了。但是有言在先，如果第三箭还射不中，就该我射了！”斗越椒心想他如果不躲闪，第三箭肯定能射中，就答应了。他取出第三支箭，瞄准了养由基，用力拉弓，猛地放箭，箭端端正正地朝养由基射去，养由基这回真的没有闪躲，只是两脚站定，箭快到的时候，他突然把嘴张大，箭到他嘴里时，他恰好用嘴咬住了箭。

斗越椒见状就慌了起来。两军都在观赛，既然刚才答应了养由基，现在就不好失言，他便向养由基叫道：“现在该你射了，也射三箭，如果射不中，还得我射。”养由基笑着说：“如果三箭才能射中你，那才是黄毛小儿的本事，我只要射一箭就够了。”

斗越椒认为养由基只是口出狂言罢了，向他喊道：“你别站在那里空口说大话，有本事你就射吧。”养由基漫不经心地取出一支箭，对着斗越椒虚拉一弓。斗越椒只听到了拉弓的声音，以为箭来了，就躲闪了一下。养由基见状，就迅速将箭上弦朝斗越椒射去。箭直穿斗越椒的脑袋，斗越椒立即毙命。智勇过人的斗越椒对养由基这个无名小卒不屑一顾，最终却命丧在这个无名小卒的手里。

正是因为自己的轻敌，使得斗越椒低估了敌方的实力，甚至没有为自己留下回旋的余地，最后注定逃不出惨败的结局。

只有居安思危、未雨绸缪，才能在遇到突如其来的困难时坦然应对，并且为自己留有应对挫折的余地，为自己能够战胜挫折提供支撑。而且对于任何事情都要有防患意识，尽最大努力剪除危险因素，铺平自己的成功之路。

其实通向成功的道路如同驾船，倘若只是风平浪静，那么大部分的人都可以平安到达彼岸。然而路途中总会出现风暴，若想在大浪之中平稳地行驶，就得靠那些经验丰富的老船长。可即使是在风平浪静的时候，乘客们还是希望船上有一个优秀的舵手，以便应对突如其来的风暴，这就是危机观念。因为，一旦有风暴来袭，换船是不可能了，只有靠优秀的舵手，才能帮乘客们脱离困境。

拥有一颗勇于追求真相的心

如果遇到困难就逃避，那么时间一长肯定会产生思维惯性，认为困难不用解决，只要逃避就好。实际上，我们对任何事物的第一印象，都可能存在偏差，如果我们不去寻找真相，那我们就永远无法前进，无法实现自己的理想。

曾经有这样一个年轻人，他很努力地学习，学习成绩一直名列前茅，但在高考的时候发挥失常，结果考入一个三流的大学。在大学里，他并没有自暴自弃，反而比在高中时期更加努力地学习，希望以此来证明自己。

临近毕业那年，有家著名的国有企业来学校招人。这是许多毕业生梦寐以求的工作，不仅待遇好，工作还很清闲，在当时算是一个“金饭碗”。

他也一样，希望能够进入这家国企。他想，在这所三流大学里，应该没有人比他更优秀了吧。在这四年里，当所有的人都在吃喝玩乐时，只有他一个人坚持在图书馆看书，每天过着三点一线的生活，没有半点颓废。

他的优秀果然得到了面试官的赏识，参加面试的人有一百多，最后只剩下他和一个戴眼镜的男生。不过，这次面试在这所学校只招一个人。年轻人通过同学打听到，那个戴眼镜的男生很普通，根本就不是竞争对手，而自己拥有厚厚一叠的证书以及这几年苦学来的知识，基本上稳操胜券。

就在他以为自己要进入国企的时候，一个晴天霹雳般的消息传来：国企最后决定录用那个戴眼镜的男生。

年轻人失魂落魄地回到学校，看到学校附近有一个著名的演说家在演讲，他也走了过去。

“我打算把这100块钱送给你们当中的一位，谁想要呢？”演说家举着一张红得刺眼的钞票，问在场的人群。人们都把手举了起来。

演说家扫视了一周，稍作停顿后，把钞票揉成一团，继续问道：“还有人要吗？”这时，绝大部分人仍然举着手。

“这样呢，谁还要？”演说家一边说着一边把钞票扔到地上，然后把脚踩在上面。再把钱重新捡起来的时候，钞票已经又脏又皱了。尽管如此，还是有人把手举了起来。

最后，演说家干脆再次把钱扔在地上，用脚狂踩一番，重新捡了起来，问道：“如果变成这样呢？”说完，演说家便把那张早已面目全非的百元大钞摊开。

年轻人向周围望去，有些人犹豫了会儿，依然把手举了起来。

这时，演说家笑了笑，说道："朋友们，我已经给你们上了十分有意思的一课。这张钞票，无论我怎么对待，你们仍然不愿意放弃它。原因很简单，因为它的价值一直没变。那么，我想说的是，在人生的道路上，我们常常会被无数次的逆境打败，会觉得自己没用，甚至一文不值。但请记住，无论发生什么，你都不会贬值，珍惜自己，在上帝眼中，你依然是独一无二的。"

一次的困难并不代表自己就已经失败，千万不要被事物的表象蒙蔽了双眼。

著名的蒸汽机发明者詹姆斯·瓦特从小便表现出超凡的好奇心。

一天，他放学回家，看到外祖母在厨房做饭。小瓦特感觉肚子很饿，便走进厨房，想让外祖母给他东西吃。一旁忙碌的外祖母对他说："小瓦特，你去帮外祖母看着那壶开水好不好？"顺着外祖母指的方向，瓦特来到烧开水的灶前，灶上的开水正在沸腾，壶盖也跟着上下跳动。

这种有趣的现象让小瓦特感到很新奇，他呆呆地看了许久，而且还充满了好奇，兴致勃勃地问外祖母："到底是什么让壶盖跳动的呢？"

正在切菜的外祖母无暇回答小瓦特的问题，没有理他。小瓦特并不放弃，再次问道："外祖母，快告诉我，到底是什么让壶盖跳动呢？"外祖母见小瓦特如此执着，只好说是水推动的来敷衍他。

外祖母的回答在小瓦特看来，根本就是错的。于是，为了找到壶盖跳动的真正原因，每次家里烧开水的时候，小瓦特都主动要求去守着开水壶。一连好几天下来，仔细观察的小瓦特终于发现了其中的奥妙：原来，是壶里的水烧开后产生的水蒸气推动壶盖跳动的。

小瓦特发现了这个原理，觉得自己很聪明，同时也很开心。不过他并不能完全确定自己的想法是正确的。为了验证自己的猜测，他把壶盖反复揭开盖上，不停地测试，甚至在壶盖上放碗、茶杯等餐具，结果都证明是壶里的水蒸气提供了巨大的推力。

但他也并不满足自己通过实验得到的结论。他利用课余时间去图书馆查询相关的书籍，并跑去办公室求助自己的物理老师，直到完全确定这是正确的他才罢手。

他坚定的毅力自然也是他成功的一个重要因素。不过，他的好奇心，才是让他成功的源泉。

后来，好奇的小瓦特成为世界公认的蒸汽机发明家。后人评价他的蒸汽机是真正的国际性发明，有力地促进了欧洲18世纪的工业革命，推动世界进入了“蒸汽时代”。

后人还把功率的单位定为“瓦特”，就是为了纪念这位为人类史的进步做出巨大贡献的伟大人物。

也许，我们会想，是什么促使小瓦特成功的呢？因为他是天才吗？当然不是。据书中记载，瓦特虽然心思细腻，但做事向来动作迟缓，稍不顺利便焦虑重重；他还经常无缘无故地感到无助，想要放弃正在进行的事情；他的理解能力也极差，经常一个简单的问题要问上很多次才能弄明白。

所以说，是好奇促使了小瓦特的成功。除此之外，从故事中的壶盖事件我们不难发现，任何时候都不能凭印象断定事实，从第一印象来看，瓦特也可能相信外祖母所说的，是水推动壶盖的。

当然现在谁都知道这是不对的了，倘若当时瓦特没有质疑，那么他也不会成为伟大的蒸汽机发明家吧。

很多时候，我们都得保留多一点的好奇和质疑，不能从事物的第一印象做出判断。只有这样，我们才能有回旋的余地，才不至于摔得很惨。

阿格巴是在内蒙古大草原长大的孩子，他一直都很喜欢大草原，觉得这是世界上最美的风景。

15岁那年，他父亲带着他去一个陌生的地方采集药材。父亲是当地有名的医生，为人热心善良，广受当地人的好评。其实许多人都知道，阿格巴的父亲原来是个商人，经常出去做点小生意，后来不知道什么原因突然做了当地的医生。

父子二人一直往大草原深处走，走到最后几乎没有路了，阿格巴感觉有些害怕。但父亲告诉他，珍贵的药材往往长在人不常去的地方。

阿格巴这才鼓起了勇气，跟在父亲后面小心翼翼地走着。果然，父亲在周围的草丛里找到了许多药材，并像小孩子一样把喜悦挂在脸上，对阿格巴说：“这下好了，这下好了。”

太阳落山后，天色渐渐暗下来。父亲沉浸在采集药材的喜悦之中忘记了时间，也忘了他们走进了一片完全陌生的地带。

“我们现在可以回去了。”父亲很开心地对阿格巴说，但立即发现他们迷路了。父子两人有些茫然地寻找出路，来来回回许多次，基本上都在附近绕圈，父亲说：“今天我们就在这里过夜吧，等明天太阳升起，我们再去找回家的路。”

于是，阿格巴躺在父亲用衣服铺成的一个“睡床”上。初次在外过夜的阿格巴根本睡不着，他倒不是担心真的迷路了，而是心中一直翻滚着一种很奇怪的兴奋感。

过了许久，父亲问他睡了没，阿格巴摇摇头。父亲突然来了兴致，说要和他聊聊天。阿格巴很开心，接着他从父亲的口中得到了一个惊人的消息，原来，父亲当初之所以没出去做生意，待在这个大草原中，主要是因为自己。

小时候，阿格巴体弱多病，父亲常常半夜背着他去找医生。但当地的医生很少，而且都是流动的，看医生是件很困难的事情。为此，父亲学起了医术。

父亲还告诉阿格巴，他的梦想是多出去看看其他的地方，不想一辈子都困在这个大草原中。

父子俩聊得很开心，渐渐地进入了梦乡。

醒来的时候已经晴空万里。阿格巴和父亲又开始找回去的路。可事情并不像他们想象的那么简单，周围的地形像被施了魔法般，无论他们怎么努力，都无法找到正确的路。

阿格巴感觉又累又饿，瘫软了下来，无论父亲怎么安慰他，他都不想再走。

这时，父亲从兜里掏出5枚硬币，在阿格巴惊讶的眼神中将其中一枚埋进了草地，然后把剩余的4枚硬币全部交到阿格巴手中，用坚定的语气告诉他："我刚拿出的5枚硬币，相当于人生中的童年、少年、青年、中年、老年时代。到现在为止，你只用了刚埋在土里的那枚，也就是你的童年，你不能把5枚硬币全部扔在草地上，你要一点一点地用，用出意义来，这样才不会白白地虚度人生。所以，我们今天也一定要走出这片草原。以后，你也不能随随便便就丢掉手中的硬币。"

没想到，父亲的鼓励起了重要的作用，阿格巴配合父亲积极寻找出路。很快，他们就找到了回家的路。长大后的阿格巴，遵照父亲的意愿离开了家乡，在外面闯荡时，一直记着父亲说过的话，最后成为名气不小的船长。

倘若困难一来，就被吓倒，以为困难是不能被打败的，持有这样的观念，以后的路只会越走越艰难。遇到困难，应该勇敢地战胜它，重新做自己的主人。

第一印象并非真相。是的，困难也是如此，它并不像你所看到的那般无法战胜。只有明白这个道理，才能在人生路上越走越远。

不要为所谓的“朋友”，倾入所有

不一样的朋友，往往会给我们带来不一样的收获。朋友分品种：和损友为友，会让自己近墨者黑；和益友为友，会让我们在人生道路上一帆风顺。

有人说，从我们一出生开始，我们就有了与世界的联系，然后是人与人之间的联系。而在所有的联系中，人与人之间的联系，是最普遍、最重要的。

唐纳德·特朗普从小就喜欢和周围的小朋友玩，常去热闹的地方结交更多的朋友。就算是那种不怎么说话或者性格孤僻的孩子，都能在他的感染下，成为他的朋友。据说在高中时期，他因为朋友过多，常常有人开玩笑说他是在拉帮结派。

特朗普在大学期间，为了锻炼自己的交际以及其他方面的能力，经常利用暑寒假的时间去帮助父亲打理公司。他不会看低任何一个人，因此，公司几乎每一个人都跟他很熟，大家都喜欢他，愿意热情地和他打招呼。当时，人们都认为这是一个很善于交际的小伙。当然，人们也很愿意帮助他，为了帮他完成一个项目，有的员工自愿留下来加班。

后来，特朗普为了让自己的人脉更广，能结交到各个阶层的人物——他终于不甘束缚在生活圈子狭窄的纽约皇后区，独自一人搬到繁华热闹的曼哈顿。刚开始，特朗普在曼哈顿无依无靠，不过他慢慢地结交了许多朋友，包括当地不少有钱有势的名流，特朗普总算在曼哈顿有了自己的一席之地。

一天，有个朋友觉得特朗普的应酬实在太多了，经常去参加各类名流舞会、酒会等。于是开玩笑地问他：“你每天结交那么多朋友忙得过来吗？”特朗普听后微微一笑：“嗯，当然，我很享受这种友谊，因为我们是互帮互助的好朋友。”

他的人脉在几年后终于凸显出来。当时著名的宾夕法尼亚中央铁路公司宣告破产。特朗普觉得这是一次千载难逢的好机会，于是贷款买下这座地产，由于本身拥有强大的人脉关系，他借此向政府建议在此兴建“市立会议中心”，这个建议按常理来说，政府是不可能通过的，不过特朗普在政府里也有许多朋友，他们都努力地支持他，给他充当说客。1978年，纽约市政府表示同意特朗普的建议，并愿意把工程交给他。特朗普很开心，打算放开手脚，大干一场。

通过这个事情，我们不难发现，政府之所以会答应特朗普的申请，几乎全靠他在当地结交的社会名流，如果没有他们，这件事情几乎是天方夜谭。而正是那些朋友，让这件不可能的事情变成了可能，也给特朗普日后的成功打下了坚实的基础。

特朗普的努力没有白费，他利用自己在政界的朋友说服市政府给予40年的减税优惠以及顺利的贷款，于1975年建立了世界著名的“凯悦大饭店”。酒店新颖的设计、华丽的外观都是世界超一流的水平，这为饭店招揽了不少生意。特朗普也随着酒店的名气越来越出名。

野心勃勃的特朗普并没有因此放弃把事业做大的想法。随后，特朗普又通过曼哈顿朋友的帮助，顺利地建造了高达68层的商业大楼——特朗普大厦。这座大厦主要用来提供出租写字楼之用。此外，特朗普在这座大厦的方方面面都花费了很多心血。为了建好它，特朗普邀请国际最先进的设计师参与布局，选用的材料都是当时昂贵的上等材料。这座大厦美观舒适，深得租客的喜爱，很快便被抢租一空。当然，这位善于利用人脉的特朗普也通过这座大厦赚了大钱，走向了人生的另一个高度。

后来，当特朗普想把投资延伸到房地产以外的行业时，他还没主动提出贷款，就有不少银行家积极找上门来，愿意随时给他提供贷款。

一个人的能力是有限的，若特朗普没有那么多朋友，想必他也无法做成大事。可见，珍惜宝贵的人脉，对于我们的成长、工作、事业有多么重要。

亨利·福特是世界著名的“汽车大王”。他在汽车事业上的成功令世人瞩目。然而，他的成功并非全靠他的努力和天赋。他在创业过程中也有过失败，最后是靠朋友马尔科姆逊的帮助，才让自己的汽车制造事业蒸蒸日上。

福特年轻时在一家船舶发动机厂工作，主要负责机器这一块。福特不仅工作认真，还善于思考问题，当时看到船在水上能够来去自如的时候，他便想也许可以创造出一种机器在陆地上跑，并且易于操作。

多年后，父亲年纪大了，希望他早日成家立业，于是福特步入了婚姻的殿堂，做了一个安逸的农场主。这样的日子对他来说并不是最好的，他希望把自己当年的梦想变成现实。新婚没过多久，福特在当地一家照明场找了一份机械师的工作。当时不仅要忙家里和农场的事情，还要在工作上煞费苦心，这对福特来说，早已忙得焦头烂额了。不过他并不愿意放弃那个汽车梦，因此他总是会抽出一些时间研究汽车。

所有的人都觉得福特是在痴人说梦，觉得要在陆地上出现跑动的机器是不可能的事情。不过，皇天不负有心人，最终聪明且勤奋的福特还是利用工作之余创造出了他的第一辆汽车，让所有人震惊不已。与此同时，他于当年年底创立底特律汽车公司，自己主要负责制造方面，想要大干一番，创造出自己的汽车王国。不过事与愿违，就在福特以为自己将要大干一场的时候，公司却遭遇了变故，不得不停止汽车生产。

这种戏剧化的转变对福特来说是个不小的打击，这让他有一段时间都处于忧郁状态，闭门在家，不愿出去见人。但福特后来还是想通了，他认识到要想成功就必须经历失败，太容易得到的成功不一定能长久。

接着，他四处寻找投资人，打算东山再起。

很快，福特在投资人的帮助下创办了“福特汽车公司”。但事情又是一波三折，经销商认为福特研制的这种汽车太过于新潮，不会被观念守旧的当代人所接受。此外，一连串的问题接踵而来，当时工人素质普遍低下，很多零件达不到设计要求，产品一直出不来。1902年，“福特汽车公司”只好再次宣布破产。

这次失败并没有像上次那样带给福特惨痛的打击。相反，他已经看淡了事业上的起伏，觉得汽车制造方面的技术已经成熟，汽车市场无疑是一个巨大的面包，如果能遇到有远见的投资商，这必然会掀起一场世界性的汽车革命。就在这时，为了让各方面的协调更加融洽，福特一方面到处寻找其他领域的合作，一方面依然在为寻找投资商犯愁。

好运总是垂青有准备的人，就在他以为没有人愿意投资的时候，福特遇到了知己。煤炭商马尔科姆逊不仅答应与福特合作，愿意投资10万美元，并且答应如果市场证明这项选择是正确的，他将大力投入更多的资金。

这让福特欣喜若狂，他全身心投入到了汽车事业当中。为了这次的成功，他吸取前几次失败教训，重新审视市场需求，把经营的方向转到大众化汽车上。

这次，由于有充足的资金周转，还拥有高素质的员工，加上当时市场对大众化汽车的大量需求，福特终于大获成功。

之后的路，尽管有过低谷，但是朋友马尔科姆逊仍然愿意支持他，因为对方已经把福特当成朋友看待。

我们生活的世界是一个巨大的交际圈子，这也像一张无形的网，把我们每个人都紧紧连着。

再说一个故事。他是一个年轻的小伙子，欧几里得和阿基米德的书籍都是他的最爱，他的梦想是长大后能像他们一样从事科学研究，为人类创造出新的学说。但是，当时家里人的观念比较传统，希望他能考进医学院，成为医生。

小伙子拗不过家人，最终被迫去研究解剖学和生理学。在学校的日子，他更加清醒地看到了自己在医学专业上毫无兴趣，尤其是在课堂上，他常常趴在桌子上睡觉。于是，他决定做点自己喜欢的事情，每天都利用课余时间躲在寝室里看欧几里得和阿基米德的相关书籍。

一天，上胚胎学课程，老教授站在讲台上说："母亲生男孩还是生女孩，完全取决于父亲，父亲身体强壮，母亲生男孩；反之，母亲则生女孩。这就是一个自然规律。"

很多人发现身边的例子几乎都是这样，再加上老教授资历深厚，他们觉得老教授说的话绝对是正确的，纷纷点头表示赞同。唯有这个上课爱睡觉的小伙子，无论如何也不赞同这个观点。就在教授话音刚落，他便举起手来。

老教授私底下有些反感这个学生，因为他常常提许多让人感觉不着边际的问题，这会耽误上课进度。但为了提倡勤学好问的精神，同时让班上更多的同学学会提问，于是，老教授不得不示意他继续说下去。

小伙子见老教授同意了，立即站起来说道：“尊敬的教授，您说如果父亲强壮，母亲便会生男孩，我觉得您说错了。”

班上立即唏嘘一片，居然有人敢当面说老教授是错的，他是吃了豹子胆，才敢这样做吧？就在很多人以为他会受到严惩的时候，老教授却为了顾全自己的面子，装作很认真地继续问道：“那么，同学你能告诉我哪里不对了吗？”

“教授，在我身边有这样一个例子。我隔壁家大叔，他妻子一连生了五个女儿，但不可否认的是，我隔壁家大叔的身体是很强壮的。因此，我觉得这与教授说的结论完全不符。”

教授听后，心里十分气愤，但细想他说得很有道理，不能在班上这么多人面前批评他，只好继续说：“这是古希腊著名学者亚里士多德的观点，绝对不会错！”

教授给了他一个台阶下，不过他丝毫不领情。他并没理会老教授，而是理直气壮地反问道：“难道名人说的就一定对吗？有很多定论明明错了，不符合客观事实，我们也要跟着错吗？”

老教授觉得自己丢了面子，以课堂顶撞老师的理由把他送去校长室，希望让校长好好教育下这个不知天高地厚的小伙子。

“小伙子，听说你很喜欢看欧几里得和阿基米德的书？”校长率先跟他说话，而且没有提他在课堂上顶撞教授的事情。小伙子很惊讶，看着眼前坦然从容的老校长，不知道校长是何想法。

校长微笑道：“我知道学校有很多跟你一样的年轻人，不喜欢读书，喜欢做自己的事情。他们很多人都跟你一样，是受父母之命。”说完，老校长又不紧不慢地喝了口水。

小伙子想，校长接下来肯定要严厉地批评自己。但没想到校长后面的一番话，却让他重新认识了自己。

老校长对他说：“科学研究是你的兴趣所在，也是你的优势，你应该要珍惜它，并为之努力奋斗。是的，你不停地提出问题，在他人眼中是不礼貌的；你选择了医学，还花许多时间在欧几里得和阿基米德的书上，属于不务正业；你较真，脾气倔强。但是，反过来，这些恰好是你的优势啊！这也说明你能在科学探索的道路上坚持不懈、勤学好问、追求真理，日后一定可以获得成功。”

老校长的一番话让这个迷茫的小伙子彻底醒悟了，后来他凭借自己的努力真的成了著名的科学家。

他就是“近代科学之父”伽利略·伽利雷。

伽利略·伽利雷的成功跟老校长的那番话分不开，老校长在他成长的路上充当的是良师益友的身份。正是有了老校长的提点，他才有了这么巨大的成就。

单枪匹马，不是个好选择

一直以来，人们都认为高处不胜寒，成功的道路注定孤独，这个看法是片面的。其实，成功需要合伙人，在前进的道路上，碰到难关，我们需要合伙人出谋划策，伸出援助之手。单干并不适合现在的环境和背景，合作才是王道。

我们都知道“人尽其用”这个道理，但是，不会识人又谈何用人？因此，在用人时一定要做到全面了解，要知道“识人”是用人的第一步。古语常说：“千里马常有，而伯乐不常有。”就是因为各种原因，有一些真正有才能和谋略的人，往往隐没在人群之中，没有被发掘，因此得不到重用；即便被重用了，也没有使他们的才能得以发挥，也就是没有用到合适的地方，或者大材小用等，这些都是不识人的结果。

春秋时期，有一个人就先后两次将包含着宝玉的石头献给楚王，但是此人不但没有得到楚王的赏识，并且还被认为是故意弄假货来欺骗楚王，于是被先后砍去双脚。直到第三任楚王继位，才发现石头里包着一块绝世美玉，这就是名垂后世的“和氏璧”。

其实人才就好比和氏璧一样，之所以不被重视和重用，不是没有才华，而是没有像伯乐一样的人。大多数人只是被诸多表面现象所迷惑，没有看清那些人才的真实才华。在识人时，不能以个人的好恶来决定一个人本事的高低，因为人的兴趣、爱好、观点各有差异，若以一己之见来判断某人是否为贤才，一定会有偏失。

三国时期，刘备在未得诸葛亮之前，在识人标准上存在很大的问题。他往往只以个人的喜好作为识人标准，凭个人的印象和臆测来选择人才，其虽有关羽、张飞、赵云等强势的武将，但是文臣仅有孙乾、糜竺之辈。他也常叹自己思贤若渴，身边无人才。

后来见到“水镜先生”司马徽时，他竟无端埋怨说：“我刘备也曾只身探求深谷中的贤士，但是却没有见到什么真正的人才。”

司马徽批驳了刘备的观点，说：“孔子曰：‘十室之邑，必有忠信’，怎么能说无人才呢？”后来又向他指出，他当时所处的荆襄一带就有奇才，应该去求访。

刘备恍然大悟，这才有了后来的多次邀请诸葛亮出山相助的事情。

刘备后期最为器重的人才，除了“卧龙”诸葛亮之外，就是号称“凤雏”的庞统。庞统早年便与诸葛亮齐名于荆州。时人评价他们的经典言语是："卧龙凤雏，得一可安天下。"由此可见，庞统也怀有经天纬地之才。然而在诸葛亮成为刘备的军师之时，庞统仍然怀才不遇。

吴国都督周瑜帮助刘备攻取荆州时，庞统仅为掌管区区一郡人事的功曹。周瑜去世后，庞统到吴地去送葬。吴人多闻其名，因此，当他要返回荆州时，众多知名人士齐会昌门，为他送行。在聚会上，庞统一针见血地品评当时人物，说："陆绩可以算是驽马，有逸足之力；顾劭可以算是驽牛，能负重致远。"

接着，他又对全琮说："你好施慕名，虽智力不多，也不失为一时之选。"顾劭去见庞统，并问他："您有善于知人之名，那您说说，我和您相比怎么样？"庞统说："讲到陶冶世俗，甄别人物，我自然比不上您，但是，如果论帝王之秘策，揽倚伏之要最，我可就比您强一点了。"

刘备占据荆州之后，庞统来投，但是刘备见他其貌不扬，并未重用，仅仅以耒阳令任之。庞统在任不理县务，治绩不佳，被免官。

刘备更加认为他名不副实。但吴将鲁肃写信给刘备，推荐庞统。说庞统之才不只百里，如果让他做治中、别驾等官职，才能稍微施展他的才能。诸葛亮也向刘备极力推荐庞统。于是，刘备再次召见庞统，并和他纵论上下古今，这次深为折服，于是对他大为器重，并任命他为治中从事。此后，刘备倚重庞统的程度仅次于诸葛亮。

庞统曾是实现隆中战略不可或缺的重要人才。他的加盟，为刘备集团提供了进一步飞跃的契机。在当时的情况下，进占益州和巩固荆州是同等重要的大事。要同时完成这两件大事，必须要有诸葛亮这样一流的人才协助刘备才行。综观刘备早期的谋臣团，糜竺、孙乾、简雍、伊籍等人，都是人才，但运筹帷幄、决胜千里实非他们所长。

而庞统不但学识渊博，善于鉴别人物，而且有运筹帷幄的本领，正适合协助刘备进占益州。实际上，在入川过程中，庞统也用出色的表现证明了自己的能力。他不但协助刘备做出了几次意义重大的正确决策，而且以其独有的聪明才智，使刘备摆脱了信、义、宽、仁等观念的束缚，为日后平定西川奠定了坚实的基础。

可见，刘备的成功很大程度上都靠他手下的人才，正是有了这种合作关系，他才能够有如此大的作为。

我们也许对白手起家的石油大亨早就不感兴趣了，洛克菲勒、哈默等，我们几乎能一一说出他们的名字。但有一个人，说到他，无数的人都会认为这是一个传奇。他就是委内瑞拉著名的石油大亨拉菲勒·杜戴拉。

每个成功人士的身世都有所不同，但杜戴拉比较幸运，在进入石油行业以前，因为家庭的缘故，他就拥有一家玻璃制造公司。在他的经营下，公司的生意很不错。不过在那个时候，杜戴拉就对石油行业虎视眈眈，希望进去分一杯羹。

聪明的人总是善于把自己的爱好和事业结合在一起。当杜戴拉听说阿根廷政府准备购买3000万美元的丁二烯油气时，立即感觉机会来了。为此，他专程跑到阿根廷，想要一探究竟。

不过他过去了解情况后，有些失落。原来当时和阿根廷政府接洽的不止一家石油公司，实力雄厚的英国石油公司和壳牌石油公司也在竞争之列。杜戴拉知道自己在两大石油公司面前，完全没有竞争力——阿根廷政府肯定只会在这两家公司中选择一家。

事实也是如此，阿根廷政府当时已经在考察这两家公司，打算做出最优选择。

得知这个消息的杜戴拉立刻坐立不安，他并不想放弃这次进军石油界的机会。晚上睡觉的时候，他都在想怎么才能把手上没有的油气卖给阿根廷政府，从而跻身石油界。

一方面，他派人到处去调查相关的信息；另一方面，他自己也开始关注阿根廷国内的状况。就在这时，他发现了这样一个现象：阿根廷盛产牛肉，但是苦于供大于求，造成大量的牛肉剩余，这让阿根廷政府相当头疼。

很快，杜戴拉找到阿根廷政府，提出了这样一个建议："如果我向你们购买3000万美元的牛肉，你们是否愿意向我购买3000万美元的丁二烯油气？"

这是一个双向选择题，当时阿根廷政府正在为牛肉问题烦恼，牛肉商天天要求政府出台相关的政策帮助他们，而杜戴拉的提议无疑是帮助他们解决了难题。阿根廷政府甚至没有过多的交涉，便答应了这个两全其美的提议。

这只是第一步而已，接下来，杜戴拉开始思考，怎么才能卖掉手上的牛肉。他又开始搜集各国的信息。当他得知当时西班牙政府的国营造船厂濒临倒闭，他知道自己的机会又来了。杜戴拉找到西班牙政府说：“如果你们愿意购买我手中3000万美元的牛肉，我将在你们的造船厂订购一艘价值3000万美元的油轮。”

听到杜戴拉说这样的话，西班牙政府仿佛重新点燃了希望。为了保住造船厂，他们采纳了杜戴拉的建议。

第二步成功了之后，万事俱备，只欠东风了。杜戴拉最后一步找的是位于费城的太阳石油公司，购买3000万美元的丁二烯油气，以租用他的油轮作为交换。当然，太阳石油公司也觉得有利可图，经过几次交涉，便答应了。

就这样，杜戴拉“变废为宝”，用对别人来说无价值的东西去交换自己需要的东西，从而获得了成功。他在人生中表现出来的才智确实值得人们称赞，他的思维方式同样不容忽略。

不难发现，无论是哪次交易，他都有合伙人，正是这些合伙人，让他在事业上平步青云。是的，没有合伙人，做生意将会寸步难行，更不会做大做强。

成功需要“合伙人”，只有这样，才有机会开辟出更为宽广的天地。

Part 03

大智若愚，绝境逢生

江湖险恶，不行就撤。在多变的人世中，聪明行事可谓明智之选，但未必需要事事锋芒毕露，大智若愚也能名利双收。

03

吃亏是福，回报无限

朋友是最宝贵的财富，对朋友的投资是件很重要的事情。因为朋友有可能就是自己未来事业上的合作者，可能成为自己的“贵人”。当然，将心比心，谁都不愿意跟虚伪的人打交道，只有付出真心，才能获取真正的信任和关心，才会得到朋友的肝胆相照。

各行各业竞争到了“白热化”的今天，早已不是靠一己之力就可以“全盘搞定”的时代了。一个人要想获得成功，既要自己有专长，又要充分利用别人的特长，综合各方面的有利因素，成功的可能性才会增加，因此，我们应该学会人情投资。

要牢记这一点，很多事业并不是在资本雄厚的背景下做起来的，“人气”才是许多白手起家的成功者走向辉煌的真正“利器”。

我国古代并不缺乏这样的例子。大家熟悉的三国时期的政治家刘备，有人说他“武不敌吕布，地不比刘表，兵不过袁绍”。可这些人最终都被曹操消灭了，唯独刘备不断扩大自己的影响，最终在四川称帝，与强大的曹操和孙权各据一方。虽然他的儿子不争气，最终没能守住家业，但他本人确实成就了一番别人难以企及的事业。

这是什么原因呢？

刘备能迅速拉起一支队伍闯荡天下，就在于自己一开始就竭力拉拢张飞和关羽，与他们结拜成生死与共的兄弟，从而把三个人的荣辱进退牢牢拴在了一起。在张飞和关羽的全力帮助下，他才建起了队伍，慢慢发展壮大了起来。

但要成就更大的事业，仅仅靠两个人的帮助是远远不够的，如果刘备就此守着三个人建立起的小圈圈兜来转去，那他就不可能在东汉末年那种弱肉强食的环境中生存下来。因此，在与张、关两人一起辛苦打拼的同时，他还注重不断地吸纳人才，同样的真情付出赢得了诸葛亮的信任，最终帮助他成就了事业。

试想，如果刘备从一开始就怀着一颗“防人之心”，对谁都不信任，凡事都要“留个心眼儿”，那么谁还会心甘情愿地为他效劳呢？

不只是刘备，历朝历代的成功者无不是经历了这样一个“从弱到强”的过程，而且他们几乎是毫不例外地选择了以真诚之心去赢得伙伴的敬重和信任。

朱元璋出身贫寒，没读过多少书，武艺也非常一般，但从少年起，徐达、汤和等人就跟他整天混在一起。这几个人的本事都比他大，但是他说什么，大家都会无条件执行。大家这样做，希望从朱元璋那里得到什么呢？他一无钱财二无地位，又能给大家兑现什么呢？

一天，几个小伙伴找正给地主家放牛的朱元璋玩，大家都说自己饿了。朱元璋二话不说，把地主家的牛杀了一头，然后给大家烤着吃了。有人担心地问：“那你回去怎么交代呢？”朱元璋说：“你们放心，这事我自己承担，你们只管吃好了，我是不会让你们饿肚子的。”

朱元璋回去后自然受到了地主的责打，但他的行为深深感动了几个小伙伴。所以以后他做任何事，小伙伴们都认为他是为大家着想的，都义无反顾地跟着去做，最终推翻了元朝，并且拥戴朱元璋做了明朝的开国皇帝。

因此，要想成就事业，首先要付出自己的真情，而不是把情感深深掩藏或保护起来，生怕自己被别人利用，只是一味要求别人对自己付出。你防备人家，人家何尝不防备你呢？

试想，没有那顿半生不熟的烤牛肉，那些伙伴会无偿地送一座江山给朱元璋吗？

当然，“真诚之心”要具体情况具体对待。如果人家本来是你的强劲对手，杀到你面前就是来和你竞争，来和你抢业务的，这时还抱定“真诚待人”的原则不放，就显得有点迂腐了。

因此，解除“防人之心”是建立在自己对身处的环境可以掌控的情况之下。

宋襄公是“春秋五霸”之一。一次宋国和楚国作战，双方隔河排开阵势，楚军过来进攻，宋襄公的谋士就对他说：“敌人要渡河了，这时候进攻他们的话，我们定可以大获全胜。”但宋襄公说：“这样不好吧？按照礼法，我们要等敌军全部渡过河来才可以开战。”楚军渡到一半时，谋士又说：“这时去攻击敌人，他们必然会顾前顾不了后，我们定可以大获全胜。”宋襄公说：“我可做不出这样的事来，要等他们过河拉开阵势再战。”结果，楚军刚过了河，立刻展开进攻。宋军大败，宋襄公不久就郁郁而终。

这个小故事说明了凡事都有“两面性”，不能只以自己的眼光看问题。要通过观察别人的举动来“权衡”自己的行动。就是说自己对事务要有一个准确的判断，简单说就是要学会“看人下菜碟”，千万不要学宋襄公“任尔东西南北风”的做法，那样要吃亏的。

郑庄公的母亲很偏心，一直想让他的弟弟取代他的国君地位，每天都在郑庄公面前为他弟弟提很多超越礼制的要求，郑庄公什么都答应，似乎根本没有想到母亲是在有意扶植弟弟来取代他。

大臣们很着急，就去对郑庄公说：“国君呀，您可得防着您的母亲啊，她不停地要求您提高您弟弟的地位，也许有一天他就会取代您的。”郑庄公笑着说：“不可能，我的弟弟怎么会夺我的权呢？”又过了一段时间，郑庄公的母亲又提出越礼的要求，她让郑庄公在都城里建一座比皇宫还大的宫殿给弟弟住。

郑庄公很爽快地答应了，他的弟弟就想借入皇宫的机会造反，可是并没有多少人拥戴他。他造反的阴谋彻底破产了，人也被郑庄公流放到了边疆。

郑庄公其实是知道母亲和弟弟的心思的，但他如果就此问罪，责罚自己的母亲和弟弟，一定会被天下耻笑，说他“不孝长不爱幼”。

因此他干脆装作什么也不明白，任凭母亲和弟弟胡来，自己不作任何防范，结果呢？造反事件一出，大家都支持郑庄公，他们很快就帮助郑庄公平定了叛乱，囚禁了郑庄公的母亲，流放了他的弟弟，郑庄公本人也没有留下恶名。

“人情就是财富！”在我们的现实生活中，人情是为人处世中的一个重要的环节，积淀你的人情就是积累你的财富。

如何才能积累这笔巨大的财富呢？

要经常保持联络。经常联络是维持良好人际关系的重要环节。不过现实地讲，现在的人际关系都会经过筛选和过滤，而筛选和过滤往往也是通过联系和交流实现的。

广结善缘也是积淀自己人情的一种方式。俗话说得好：“一个好汉三个帮。”借助他人之力，广结善缘，编织一个有利于自我发展的人际关系网，也是帮助我们事业成功的基础。

张先生是一家电冰箱企业的检修工，他的技术很过硬。

有一天，他的好朋友金某打来电话说自己家的电冰箱不制冷了。既然是朋友，这点小事当然要帮忙了，于是下班之后，张先生就匆忙赶到朋友家，看看冰箱到底出了什么问题。

张先生到了朋友家后，连饭也没有吃就忙开了，直到把冰箱修好，那时已经是晚上九点多了。金某感激地对张先生说："太谢谢您了，老张，如果不是急用，也不至于让您忙到这么晚，还耽误了您的休息时间，真是过意不去。"

张先生笑了笑说道："咱们都是这么多年的老朋友了，还说这些干什么！"

下班后谁都有自己的事情，但是张先生利用自己的休息时间去帮朋友解决难题，这种事在生活之中并不少见。人都是有感情的，相信在张先生有困难的时候，金某也不会坐视不理的。

在人际交往之中，我们还要学会敬重别人，敬重别人也是为人处世法则中比较重要的法则之一。如果你将敬重之语讲得恰当，你也会赢得别人的尊敬。

所谓敬重，不是让你在生活之中怎么去讨好别人，而是将恭维变成敬重之心。但是要做到这一点是需要心思和技术来完成的，不小心就会弄巧成拙，把对别人的敬重变成了阿谀奉承，使别人对你产生误会，甚至还会造成不必要的矛盾。

平时我们所羡慕、所钦佩的那些成功者，除了他们本身优越的条件外，最为重要的是他们身旁还有一群非常要好的朋友。有了这些朋友，他们在成功的道路上才能够"好风凭借力”。当你遇到困难的时候，你的这些朋友会为你出谋划策，调动资源帮助你；当你有更高的目标的时候，你的朋友会在你身旁鼓励、支持你，不让你有丝毫的松懈和半点的放弃，最终帮助你在事业上取得成功。

很显然，任何人都需要有这样一群好朋友，而拥有这样一群朋友的方法则是建立起自己的人际关系——人情账户。

你在感情的账户上储蓄越多，赢得的信任就会越多，与别人建立的人际关系也就越浓厚。在你遇到困难的时候，对方向你提供帮助就会尽心尽力。

现实生活中，经常有这样的情况，你请求别人来给你铺地板，说好干半天，他可能干了不到一个小时就走掉了；你拜托某人为你办理开办什么公司的手续，他也许只起了牵线搭桥的作用，具体的手续还要你自己去四处奔波……遇到这类情况，千万不可埋怨对方，不可责怪对方说话不算数。

否则下次你再有事，对方就不会帮助你了，因为谁都不愿意做无谓的牺牲。

事实上人家已经帮了一点忙，这就值得你表示肯定和感谢。你感谢对方帮忙一小时，下次他可能会帮忙两小时，你感谢人家为你办手续探明了路线，下回他也许会一帮到底。

如上所述，求人与被人求，是一笔人情账。尽管人情账无法精确地计算，但是也应当心中有数。

不管你与对方关系多密切，你需要求他帮忙时，也要多为对方考虑，学会换位思考，尽自己最大所能地去帮助对方，尽量多为对方解决一些困难。

关系密切归密切，要知道你是在求人家帮你做事，如果没有给予回报，时间久了关系再密切也就不灵了。因为你找别人帮助对你来说是一件关系到成功、利益方面的事情，那对方可能也希望从中得到一些名或利。

如果对方帮你做成功了，使你名利双收，而他除了帮你什么都得不到，对方可能会在心理上失衡。不要只在口头上许诺，要知道现在大多数的人对口头许诺的事情不感兴趣。

所以，你最好要提前满足对方的欲望，如果你目前做不到这一点，也没关系，另外找个时机去兑现承诺，否则再求对方就难了。

世界上没有交不到朋友的人，只有不愿意去充实自己“人情账户”的人！俗话说得好：“在家靠父母，出门靠朋友。”我们总会需要别人的帮助，这就更需要靠朋友来充实自己的人情账户。

霍世昌是香港著名的圣安娜饼店的创始人。当年他开店的时候只有22岁，别人称他为“毛头小伙子”，有人说他有万贯家财，才使他在那样的年头创业。但这位现在42岁的老板笑着说：“你们都猜错了，我是靠借钱才开的饼店，关键还是要感谢我的那些朋友呀！”

从他的回答中可以看出，他的那些朋友对于他的成就来说是多么重要。所以与身边的朋友搞好关系，他们在关键的时刻帮你一把，将会对你的事业有很大的帮助。

一个人要成就一番事业，就必须要充实自己的人情账户，与人之间建立良好的人际关系；也只有注意经常对“人情账户”进行维护，才能与他人开展良好的合作；只有这样，才会使你在事业的征程上多获得一些帮助，少一些困难，向着自己心中的目标前进，直至成功。

卡耐基曾经说过：“如果我们想交朋友，建立良好的人际关系，就要先为别人做些事——那些需要花时间、体力，或是奉献才能做到的事。”

就如同我们自己有时候也需要别人的关心一样，你的朋友、家人、同事，甚至陌生人，他们也需要关心。对别人的冷暖无动于衷的人，是无法建立良好的人际关系，更不可能建立良好的“人情账户”的。

自己平时乐于助人，多帮助别人，会不断增加感情账户上的储蓄。

太平洋保险有句广告词非常好：“平时注入一滴水，难时拥有太平洋。”这就是告诉我们平时要多充实自己的“人情账户”。良好的“人情账户”能开阔你的视野，让你随时了解、掌握周边所发生的事情，还会提高你的倾听、交流和应变能力。

寻求帮助，是要讲求策略的

人活于世，总有一天需要去求人。倘若对方是自己的朋友或者亲人还好办，碍于情面，只要不损害他们的利益，基本上都会帮忙。然而，当面对不太熟悉的陌生人时，他们可能完全可以不必理会你。这个时候，策略就显得尤为重要了，它可以让对方在最短的时间内答应你的求助。

求人做事的人一般都处于弱势的地位，作为被求的一方一般不会轻易答应求人者的要求，有时候还会以一种居高临下的态度对待求人者。早在战国时期，齐国有一个叫张丑的人，他被送到燕国去做人质。没过多久，齐国与燕国失和，燕王就想把张丑杀掉。张丑探听到这个消息以后，就寻机逃走了，谁知张丑还没有逃出燕国的国境，又被镇守边境的人抓住。这时张丑知道自己硬拼是肯定会吃亏的，就求他放过自己，谁知费了大半天的时间，那人也无动于衷，于是张丑就问他：“您知道燕王为什么要杀我吗？”守官摇摇头。张丑接着说：“因为燕王听别人说我有很多的财宝，但是实际上，我并没有什么财宝，但是燕王偏偏不相信我，我现在被你抓住了，那么你会有什么好处呢？”

守官回答说：“燕王承诺只要抓到你，就会赏赐一百两白银，这就是我把你抓到的好处。”“哈哈哈。”张丑笑着说道，“你肯定拿不到银子的，你要是把我交给燕王，我就会对燕王说，你自己独吞了我的财宝。燕王听了我的话之后，肯定会对你大发雷霆，试想，到时候你会怎么样呢？”守官听了张丑的这些话之后，顿时慌了手脚，决定把张丑放了。

张丑之所以能够在守官那里逃脱，就是因为张丑抓住了守官的心理弱点，对其进行攻击。试想一下，如果当时张丑一味苦苦哀求守官，守官肯定不会放过他。但张丑反客为主，诓骗守官，反而顺利地从守官那里逃脱。这就是委婉的求人法，明明是对求者不利的事情，结果却成了被求者的威胁，使他不得不答应求者的要求。

有些时候，即使你再放下面子，放下身段去求他，他也未必答应你的要求。只有学会委婉的求人方法，才能使对方顺利地答应你的要求。

在求人办事的过程中，“哄”别人当然是不可少的，但是还要学会为自己创造条件。投资大师系山英太郎被誉为“日本巴菲特”，系山最初经营的事业就是高尔夫球场。有一次，系山和很多人同时看上了一块地皮，这块地皮不论是地形条件，还是地理位置都非常好，但就是价格极高：市价约2亿日元。大多数人都想得到这块很好的地皮，但是尽管有很多人都争着要这块地皮，系山还是决定以最低的价格将这块地买到手。于是他就对外人说，自己很看好这块地皮，将不惜一切代价买下这块地皮。

地主听到了这个消息之后很是高兴，于是就找经纪人去联系系山，经纪人很快找到了系山，他看到系山的态度这么肯定，于是就涨价到5亿日元。没想到系山想也没想就说：“既然那么便宜，那我就要定了。”

经纪人看到系山竟然愿意出这么高的价钱来买这块地，心中很是高兴，于是立刻就与地主签订了代理合约，并把系山这边的情况向地主描绘了一番。遇到这样的买家，地主心里也很高兴，于是就把其他想买这块地的人打发走了。之后，当经纪人再找系山的时候，系山要么就是不见踪影，要么就是故意拖延，就这样，经纪人一连找了系山9次，最后终于沉不住气了，不得不去求系山购买。

系山知道时机已到，于是在经纪人面前说出了那块地的缺点所在，向经纪人说明那块地绝对不值5亿日元。经过一番讨价还价之后，系山步步紧逼，经纪人也节节退让，终于谈到了2亿日元这个“痛点”。哪知系山仍然不肯罢休，他对经纪人说：“我没有这么多工夫跟你讨价还价，如果市场价是2亿日元，我也就出2亿日元。”

经纪人无计可施，只好去找地主。地主仔细想想，自己已经把想买这块地的人都回绝了，如果系山也不买，再找顾客就有困难了，说不定他们杀价会更狠，还会被人讥笑，于是要系山自己开价。最终，系山用1.5亿日元的价格买到了这块风水宝地。

系山使用的这种委婉的求人法，可以说是高妙至极。他主动创造有利于自己的条件，先将对方稳定在自己这边，再将对方推向被动的境地，最后抽梯断路，使对方没有退路，只得答应自己的条件，于是顺利达到了自己的目的。

小张是一家公司的业务员，在公司里待了两年多，业务上一直都表现得十分突出。公司经理很赏识他，还给他介绍了一位不错的女朋友。但是，小张却开心不起来，主要因为自己家生活困难。小张自幼丧母，家中有五个比自己大的姐姐，如今还有老父亲要赡养。虽说五个姐姐都相继结了婚，生活却也都不宽裕。可是自己也不小了，现实再残酷也要面对，自从交了女朋友，小张特别想在县城买一套属于自己的房子，一方面使他的女朋友安心，另一方面也是对其家人的一种交代。但是他哪有这么多的钱在县城里买房子呢？最终小张去找朋友小李，打算向他借一些钱。

来到小李家，小张并没有急着说借钱的事情，而是问一下对方最近怎么样。小李叹了一口气说："哎，我们商场进来一大批货，但是由于人们对产品不了解，所以一直压在手里。如果再这样下去，产品就要过期了，厂家还不能退货。"

小张听小李正在为这件事情发愁，于是就询问关于产品的一些情况。小李见到小张这样有心，就将这件事的情况详细说了一遍。小张听了之后，就说出自己有熟人可以解决当前的问题。小李十分高兴，就想要这个人的联系方式。这时候小张说出了自己来的目的，小李听了之后，没有给予表态。于是，小张直到走的时候也没有说出高人的联系方式。

过了一个月之后，小李带着自己为小张准备的钱，来到小张的家中，小李用诚恳的态度对小张说："之前是因为我出了一点事情不方便借你，现在事情已经解决了，还希望你不要嫌晚才是。"小张跟小李签下借条之后，将自己知道的那位高人的联系方式说了出来，就这样双方的问题都得到了解决。我们可以看出小张的做法有点反客为主，也就是这样高明的手段使得自己发愁之事最终得以解决。

所以，我们在求人办事的时候，要学会灵活运用这种委婉的求人法，使自己在求人的时候能让被求的一方给予我们帮助，从而顺利达到自己的目的。

有这样一个笑话：有个京城的官吏被调到外地去当官，这个官吏在临走之前，去自己的恩师家辞别。恩师对他说："外地不比京城，你对那儿又不熟悉，在那儿做官肯定不容易，你以后做每一件事都应该谨慎。"官吏说："恩师，您就放心吧，现在的人都喜欢听好话，我呢，已经准备了100顶高帽子，见人就送给他一顶，想必不会有什么麻烦。"他的恩师听了他说的这些话，很是生气，以教训的口吻对他说："我一直都教你，做人要正直，对人也是一样的，你怎么能这样做呢？"看到恩师如此愤怒，官吏连忙解释说："恩师息怒，我这也是没有办法呀，您应该清楚，如今这天底下像您这样不喜欢戴高帽的能有几人呢？”官吏的话一说完，恩师就得意地点头称是。虽然这是个笑话，但其中不乏巧妙的说话方式。

俗话说“良言一句三冬暖”，人一旦被肯定其价值时，经常会信心倍增、充满干劲，同时更加急迫地想表现自己的确“很强大”。在这样的情况下，你再提出自己的请求，对方自然就会爽快地答应下来。“心理上的亲和，是别人接受你意见的开始，也是转变态度的开始。”这是心理学家总结出来的经验。由此可知，要想在要求别人帮你办事的过程中取得成功，一个行之有效的方法就是给予其真诚的赞美。

我们也许都会体会到“求人难”这句话的真实含义，其实有些时候，对方不是没有实力来帮助你，但是因为你的态度不对或者是说方法不对，让被求的一方不愿意帮助你。所以，在求人办事的时候，不仅要有良好的态度，还需要有良好的方法，只有这样你才会打动你所求的一方，使他愉快地接受你的所求之事。本书将告诉你一种求人办事的有效方法——用面子拘住对方。

在与人打交道的过程中我们会意识到，面子对于我们每一个人来说都很重要。中国人自古好面子，读书人更好面子，他们常常脸皮薄，往往该开口时不开口，该要求时不要求，该批评时不批评，该拒绝时不拒绝。所有的结果都是为了自己的面子，结果牺牲了自己的利益。所以，我们千万不要因为自己的面子，而牺牲了自己的大好前途。为了面子失去了机会，这种做法也只能称为失败者的做法。

学校的张老师平时就喜欢藏书，他每天都会围着自己的书架转上几圈，选几本心爱的书看看，觉得非常开心。他常常为自己的这种爱好感到骄傲。

有一天，他的好朋友李某前来拜访，来到他家后，见到他藏了这么多的书，对他很是佩服，并选择了书架上的一本书想要借走。李某所选择的书是张老师最珍爱的书籍之一，张老师本来不想将自己的这本书借给李某，但是想到李某也算得上是自己的好朋友，碍于情面又不好不借，于是张老师就很为难地将书借给了自己的这位好朋友，并且一再叮嘱李某三天后归还，李某对张老师的叮嘱满口答应。但是三天的期限到后，张老师等李某来还书，李某却始终都没有来。

其实张老师也见到了李某，但是出于情面上的考虑，自己又不好意思开口追要。就这样，一天拖一天，自己最心爱的书就这样被李某借去之后一直没有还回来。

张老师一想到这些心里就会着急，直至有一天终于按捺不住，不再顾及与李某平时的交情和面子，直接去李某家里索要自己的书。但是令他意想不到的是，李某却瞪着眼珠子对他说：“我什么时候借过你的书了，就算是我真的借了你的书，那你有凭据吗？有借条吗？”张老师尝到了“面子杀人”的滋味，于是就告诫自己以后绝不会因为面子的问题，将自己最心爱的书就这样白白“送人”。

绝境逢生，机遇由自己创造

没有想不到，只有做不到。无论处于何种绝境，其实都有取得成功的可能性。这其中的关键就在于能不能自己把握住机遇。也许，处在绝境中，会让一个人丧失斗志，也会让人的目光短浅，这些都是绝境中不利的方面。只有相信自己能行，并冷静思考的人，才能走出这种绝境。

历史上鼎鼎有名的商鞅力主变法，从而使自己留下一世英名，但大家都不知道，商鞅最初并没有主张什么变法。

当时商鞅只是卫国国君的后裔，他听说秦孝公雄才大略，是一位很有壮志的国君，正野心勃勃地想要重振祖先的霸业。为此商鞅来到秦国境地，并通过孝公的宠臣景监的引见，去宫中拜谒了秦孝公。

商鞅和秦孝公一见面，就向秦孝公大谈传说中的尧、舜等圣明君主如何与民同甘共苦，以自己的行动感化百姓等，从而使天下达到大治这一套所谓的“帝道”和仁政。虽然他说得费力，但是秦孝公毫无兴趣，一直在打瞌睡，一点儿都没听进去。事后秦孝公还责备景监，说他给自己介绍的商鞅只会说一些大话空话来骗人，根本不懂得治国之道，此人不值得一用。景监还拿这件事埋怨商鞅，商鞅也没在意他说的话。几天之后，商鞅又一次去见秦孝公。这次君臣见面时，商鞅把原来的那一套加以修正，并且还向秦孝公介绍了夏、商、周三朝的治国之道，但秦孝公对他所讲的治国之道还是不满意，仍旧听不进去。

于是景监又一次受到指责，对商鞅的怨气也更大了，还后悔为什么要给秦孝公引荐这样的人。但商鞅还是不死心，要求再一次觐见秦孝公。这一次，君臣交谈比较投机，商鞅终于找到了秦孝公所欣赏的治国之道，只是秦孝公依旧没有表示要重

用商鞅。

他对景监说：“你介绍的这个客人还行，现在我和他还能谈得来。”商鞅知道后，也胸有成竹地对景监说：“我和国君谈了春秋以来以武力称霸的道理，他听得很投入，好像有要用我的意思了。如果秦孝公能再见我一面的话，我就知道该怎么说服国君重用我了。”

果然当秦孝公再一次接见商鞅的时候，商鞅就向秦孝公大谈强国之术，这次可真对了秦孝公的口味了，秦孝公听商鞅讲的治国之道入了迷，一次又一次地将座席向前移，一连谈了几天还是意犹未尽。就这样，商鞅被孝公所任用，并先后两次主导秦国的变法，很快使秦国强大起来。

如果商鞅开始就觉得自己不可能说动秦孝公，从而选择放弃，那么就不可能有后来的商鞅变法，正是他这种坚韧不拔的精神，才让他把握住了机遇，从绝境中走了出来。

罗伯特·苏克是美国一位顶尖的保险推销员。后来，他还和他父亲一起创办了著名的美国经理人保险公司。在推销的过程中，他非常善于运用提问来和顾客达成交易。一次，苏克向一名顾客推销保险。在他介绍完他的保险计划后，顾客说：“您的这套计划看起来的确不错，您可以先给我一张名片，我考虑几天就会打电话给您的。”苏克说：“非常感谢您对我们公司的认同。但我想问您一个问题，为什么您想先等一等，要过几天才能给我电话呢？”顾客说：“因为我在做任何决定之前，都要经过详细考虑的。”苏克说：“这很正常。那么，您为什么总是事先要详细地考虑呢？”顾客说：“因为在10年前，有个家伙向我推销房屋的防风窗户，我想都没想就跟他签了合同。可是，以后的日子我就惨了。”苏克说：“我非常理解您的处境。那么，为什么您认为10年前与一位推销防风窗户的推销员打交道的惨痛经历，会使您不能在10年后立刻展开这一项您觉得不错的计划呢？”顾客说：“那一次惨痛的经历让我变成了一个相当谨慎的人。我从此养成了习惯，做任何事情都要慢慢来，这样我就不会再出错了。”苏克说：“噢，我能体会。请相信我，您现在已经经过了深思熟虑。那么除了这一点之外，还有其他什么原因，令您不能今天就展开这一项计划吗？”顾客说：“没有了，主要就是这一点。”就这样，在苏克的详细询问之下，顾客最后终于被说服了。

所以，在现实生活当中，我们也要学会这种“揭牌与摊牌”的技巧。通过谈话把对方的想法、对方的爱好，以及对方的底线都挖掘出来，然后再对症下药，你就会找到别人的爱好，就会利用这样的方法使别人重视你。如果你自己做生意，也可以使用这种方法，找到顾客的兴趣所在，这样就会使你的生意变得更好，从而达到你的目的。

公元前209年，韩信投身于项梁的西楚军中，项梁战死后，他跟随项羽作战，但未受项羽重用，只是充当一名执戟卫士。多次向项羽献策均不被采纳后，他愤然逃出楚营，投奔了汉王刘邦。

刘邦开始也没把韩信当作将才，只任命他做了治粟都尉

（相当于今天的仓库保管），韩信大失所望，决意脱离汉营。萧何深知韩信之才，月夜骑马苦追，将他劝回汉营，刘邦在萧何的屡次劝说下，亲自和韩信讨论军国大事，这才相信他是个“稀世之才”，就举行仪式拜他做了大将军。汉王元年（公元前206年）五月，韩信派人修复刘邦进入汉中时烧毁的栈道，自己却率军悄悄沿南郑故道东出陈仓，继而大败章邯军，一举拿下关中地区，使刘邦得以平定三秦。平定三秦之后，刘邦于汉高祖二年（公元前205年）调集56万人马，直取项羽老巢彭城，但攻下彭城不久，刘邦就被项羽率3万精兵在睢水打得大败，汉军死伤无数，他本人也险些丢了性命，最后只带着几个残兵逃出重围。

在这个紧要关头，韩信收集兵将与刘邦在荥阳（今河南荥阳东北）会合，随后多次击败项羽，使楚军不能西进。这样，楚、汉两军在成皋（今河南荥阳西汜水镇）、荥阳一带呈僵持状态。由于刘邦方面局势不明，原先投降他的司马欣、董翳又背叛了他，转而投降了项羽。原先归附刘邦的齐王、赵王也同项羽讲和。其中，魏王豹的反叛更使刘邦坐卧不安。因为魏王豹雄踞河东，西进可以威胁关中，南下可以割断关中与荥阳的联系，对荥阳的威胁甚大。

于是刘邦就任命韩信为左丞相，率兵攻打魏王豹。魏王豹则调集重兵于蒲阪（今山西永济西蒲洲镇），切断临晋交通，以便阻止汉军渡河。

蒲阪位于黄河东岸，同西岸的临晋相对，是攻魏的必经之地。韩信率汉军到达临晋，见蒲阪地势险要，易守难攻，便采取声东击西的战术，集结船只佯装由临晋渡河，暗中却调集军队，准备从夏阳（今陕西韩城南）渡河。

魏王豹见韩信在临晋布下重兵，沿岸排列无数战船，旌旗招展，料定汉军必由此过河，于是集中兵力，严加防守。谁知韩信却在北边的夏阳埋伏重兵，并命将士砍伐树木，制造了许多小口大腹的水桶，然后用绳子连接起来漂在水上，汉军以此代替船只顺利渡过黄河。过河后，韩信立即率军奔袭魏城安邑（今山西运城）。魏王豹闻讯后，方知中计，慌忙引兵赶到安邑，迎击韩信，结果兵败被俘。

灭魏之后，黄河以北还有代、赵、燕及山东的田齐四个割据势力。他们依附项羽，对抗刘邦。针对这种情况，韩信向刘邦提出“北举燕、赵，东击齐，南绝楚之粮道，西与大王会与荥阳”的战略计划。刘邦深有同感，于是给韩信增兵3万，派张耳协助他去开辟北面战场。

汉高祖二年（公元前205年）九月，韩信大军首先在阏与（今山西和顺西北）大败代军，俘虏了相国夏说。接着越太行山东进，乘胜击赵。赵王歇得到消息后，急命大将陈余集中20万大军于太行山八隘口之一的井陉口（今河北获鹿西的土门关），占据有利地形，构筑壁垒，准备与汉军决战。

连绵千里的太行山脉，共有八陉，井陉是第五陉，是连接代、赵的咽喉要道。赵国的谋臣李左车向陈余建议说：“井陉谷深路窄，汉军首尾数百里，其辎重粮草必在队尾；我愿领兵

3万，从小道袭其辎重，使汉军粮绝兵疲，野无所掠，不出10日，韩信、张耳之头可献于足下。”

陈余原是个迂腐的书呆子，对李左车的建议不以为然，说：“我本仁义之师，不尚诈谋。韩信所部，号称数万，实则几千，而且远道至此，定很疲敝。以这区区敌众，若不敢抵，诸侯一定笑我怯懦，随时会来攻我。”

韩信探知陈余不用李左车之计，心中暗喜，于是放心大胆地纵兵深入，在井陉口以西30里的地方屯扎。时至夜半，韩信开始点兵，先派出轻骑2000人，每人携带一面汉军旗帜，抄小路出发，潜伏到赵军营垒附近。

行前，韩信吩咐这些士兵说：“如果赵军见我军退却，必会倾巢而出，追杀我军。这时，你们就趁机冲进赵军营寨，拔掉赵军的旗帜，换上汉军的旗帜。”然后命令副将给大家发干粮，让他们先垫垫肚子，他很自信地对众人说：“大破赵军之后，再请大家饱餐一顿。”诸将闻言，将信将疑。韩信再派一队精兵作为前锋，出井陉口，背临绵曼水，面向赵军阵地，摆开了阵势。拂晓时分，陈余从营垒中看见汉军背水列阵，不禁哈哈大笑：“背水为阵，可进不可退，乃兵家之大忌。破汉军斩韩信，就在今日！”于是传令三军做好攻击准备。天刚蒙蒙亮，韩信亲率人马，高举大旗，擂起战鼓，杀出井陉口。陈余大开营门，挥兵出战。两军交锋，赵军仗着人多势众，一拥而上，来围韩信。韩信急命抛弃帅旗，扔掉战鼓撤退。

陈余见汉军败退，挥师奋力追杀，就连据守大营的赵兵也想乘势邀功，竟把赵王歇也拥了出来，掠取汉军旗鼓，扬扬得意，喊声如雷。这时，后退的汉军被水所阻，再也无路可逃，韩信传下军令："决一死战，后退立斩!"众将士于是奋力苦战，两军从早晨直杀到中午，仍不分胜负。

陈余恐部众饥饿，不能再战，便传令回营。不料刚退到半路，只见营中全是汉军旗号，不禁惊呼道："怎么大营被汉军夺去了？"

赵军闻言，顿时惊慌失措，一下子乱了阵脚，争相逃命。陈余虽然杀了一些逃跑的士兵，但仍无法挽回败局。汉军内外夹击，越战越勇，大败赵军，最终斩了陈余，俘虏了赵王歇。战后，众将领纷纷向韩信祝贺。有人问韩信："兵书上明明写着'左背山陵，前左水泽'。行军列阵时，左后方应靠近山陵，左前方应临近水泽，大将军不照兵法行事，让我们背水列阵，真就获胜了，道理何在？"

韩信笑道："此战敌众我寡，若将军队部署于平地，岂不都想夺路逃生？因而必须把军队置于无路可退之地，逼迫士兵人人奋勉，死力拼杀。士兵们自知没有了退路，自然会勇气百倍，无人敢当。"诸将听了，无不钦佩。

还在战斗激烈进行时，韩信就传令不准伤害李左车，能活捉他的给予重赏。战斗刚一结束，李左车就被绑到了韩信帐下。韩信连忙迎上前去，亲手为李左车解缚并将其让到上座，恭敬地说："假使陈余听从足下的意见，我早已被擒。"接着，恳切地说："我计划北攻燕，东伐齐，先生看怎样才能成功呢？”

李左车答道：“败军之将，不可以言勇。我如今已成将军的俘虏，怎敢与将军议论大事呢？”韩信诚恳地说：“如果不是陈余不肯重用先生，我今天怎么会有机会向您请教呢？我是真心诚意地听取先生的意见，望先生切莫推辞。”

李左车见韩信诚心求教，便说道：“汉军连战疲敝，如果继续用武力攻伐，敌人据险固守，则很难攻克。依我看来，现在最好是按兵休整，镇抚赵地，鼓励军心，引而不发。然后暗中先遣一能言善辩之士致书燕王，宣扬汉军声威，向燕王详陈利害，燕王必然畏服。燕国臣服以后，再遣使入齐，齐成孤立，归降更好，如欲抵抗，不亡何待？”

韩信听罢，深以为然，连声称好。当下厚待李左车，留他在营中参谋军事，并遵从李左车建议，立即遣使入燕，燕国果然降服。接着，韩信又派人报告汉王刘邦，并请求立张耳为赵王，以便镇抚赵国，秣马厉兵，再图西进。

看来，韩信之所以拥有大将风采，除去其他，很重要的一点，就是因为他能够在绝境中仔细分析，找到成败的关键，从而扭转局势，在绝境中重生。

人类之所以能称为灵长类，很大程度是因为人类拥有想象力。所谓没有做不到，只有想不到。想象力是推动世界进步的一个重要因素。

莱特兄弟刚出生的时候家里并不富裕。他们兄弟俩过生日的时候，爸爸只送给他们一个会飞的螺旋玩具。不过这并不影响两兄弟的情绪，他们很喜欢动脑筋，当他们看到螺旋能在空中飞的时候，就大胆尝试，把玩具重新拆开，运用自己的构思，做了另一个玩具。重做的玩具能比刚开始的飞螺旋飞得更高，飞的时间也有所增加。这让兄弟俩很开心，他们心满意足地看着自己的劳动成果。

兄弟俩从小就充满想象力，一旦有了想法就会马上行动，把幻想变成现实。改装飞螺旋的这件事情并没有结束，他们俩由此有了更胆大的设想：如果把飞螺旋改装变大，大到一定程度，人们就能坐着飞螺旋去旅游了。这个大胆的想法并没有得到其他人的认可，他们认为这简直是痴人说梦，怎么可能有玩具把人带到天上呢？因此，莱特兄弟因为这个看似荒谬的想法被很多人认为是疯子。但经过他俩的努力，第一架飞行器不久就问世了。在吉蒂霍克海边，人们用怀疑的目光看着他俩进行试飞表演，但是试飞的结果很不理想，飞行器只能勉强升空。当时人们更加坚定了这样一个观点，这个实验是不可能实现的。

莱特兄弟并没有急功近利，他们仔细分析了飞行器不稳定的原因，打算重新更改飞行器的数据，在之前的基础上，还设计了一个风洞。

第二次的飞行，因为前一次的改进，取得了成功。飞行器不仅能稳稳地在天上飞翔，还能比原来飞行的时间久得多。这对莱特兄弟来说，绝对是一个巨大的鼓励。第二年，兄弟俩突发奇想，打算把它做成滑翔机，为此他们付出了整整一年的努力，终于成功了。这年秋天，他们又来到吉蒂霍克海边进行试飞，飞行的结果让很多人诧异。这次飞行高度竟然达到了180米，这是前所未有的高度。

有人在飞行前曾这样问莱特兄弟："莱特兄弟，你们的飞机能载人吗？"莱特兄弟听到后，并不是急于否定，而是又找到了一个努力的方向，于是他们骄傲地回答："马上就能的。"事实证明，两兄弟并不是大言不惭，而是经过深思熟虑才做出这样的回答。那次飞行表演结束后，莱特兄弟开始考虑制造一种不借助风力也能飞行的机器，就像现代的飞机一般。为了配备动力系统，善于思考的两兄弟想到了汽车的发动机，觉得若加以利用也许能达成目标。不过事情进展得并没有那么顺利，当时汽车发动机太重，根本无法实现目标。

不过这并不妨碍两兄弟的梦想。有个工程师听说莱特兄弟要造飞机，就特地为莱特兄弟设计了一个很轻的发动机，只有70千克。结果可想而知，莱特兄弟的飞行器再一次获得成功。虽然在前几次的试飞中都失败了，不过毫不气馁的莱特兄弟积极总结经验教训，坚持不懈地试飞，终于在1902年取得了成功。在现实生活中，人们也许会陷入前所未有的窘境，这个时候，不妨想想，事情是否真的无法逆转？也许，经过思考一番，你会发现事情的转机，从而开辟出新天地。

在绝境中，一定要牢记：人生掌握在我们自己手中，机遇也靠自己把握，只有做命运的主人，才能有所成就。

攻软肋，让你摸不着头脑

每样事物都有其弱点，因此，在面对强大的敌人时，我们首先想到的不是和他们正面交锋，而应该是找到他们的弱点，攻其软肋，这样才有战胜的可能。在现实生活中，我们总是会碰到竞争力强劲的对手，这个时候如果选择打退堂鼓是会被取笑的，只有勇往直前，用智慧取胜，才是王者。

俗话说：打蛇打七寸。说的是每个人都有自己的缺点和弱点，即使再强大的人也是如此。如果在竞争的时候，能够对敌人的弱点加以利用，就会为我们的胜利创造机会，这样往往就能够为自己扭转局势。

在竞争的时候，我们避免不了付出代价和有所牺牲，但是我们只是希望这种牺牲尽可能少，还能同时达到战胜敌人的目的。既然攻打对手薄弱、空虚的地方，我们的消耗最小，那么毫不犹豫地攻打敌人的弱处就应该成为首选。

南宋时期，金国曾多次南侵宋朝。宋朝将领毕再遇与金兵作战，交手了多次之后，毕再遇对金兵作战的特点有了十分直观的了解。

他认为金兵强悍，骑兵尤其骁勇善战。考虑到自己如果与其正面直接交锋，很难取胜，即便取胜也一定会给自己的军队造成重大的伤亡，因此毕再遇一再强调，和金兵交战时，要抓住他们的致命弱点，寻找好的战机，从而一举取胜。

一次，毕再遇和金兵遭遇，他命令士兵采取游击流动的战术与他们周旋。所谓游击流动战术就是：敌人如果前进，他就命令队伍后退；等敌人刚刚安顿下来，他就下令攻击敌人；当敌人准备反击时，他又率军队走得无影无踪了。

就这样，自己的军队一进一退，时打时停，让金兵想打打不着，想摆脱又摆脱不了。慢慢的就拖得金兵疲惫不堪，晚上安营扎寨之后只想好好休息。

等到夜晚，就在金兵人困马乏之时，毕再遇命人准备了许多用香料煮好的黑豆偷偷撒在阵地上，然后再进行偷袭。金兵无奈之下，只得上马尽力反击。毕再遇战了一段时间后，就命令全军后退。

看到毕再遇退兵，金兵乘胜追击。谁知金兵的战马闻到豆香，就不再走了，只顾抢着吃。任金兵怎样抽打也不肯迈步。就这样，金军眼睁睁看着退兵，无法调动战马，场面十分混乱。

毕再遇看到时机来了，这时又调集军队，四面包抄围攻敌人，杀得金兵人仰马翻，尸横遍野。

毕再遇对兵法的运用，真可谓是知兵的智将。

在冷兵器时代，骑兵个个骁勇善战，并且杀伤力是巨大的。面对金军强大的骑兵，如果用步兵硬碰硬正面交锋，无异于以卵击石，在这种情况下自然很难取胜，就算是自己能够取胜，也会造成损兵折将的重大损失。因此毕再遇采取不正面与之交锋，而是巧妙地利用骑兵的弱点，采用相应的对策制敌，使骑兵的冲击力难以发挥，这时再加以打击，自然就会水到渠成，最后达到歼灭敌人有生力量的目的。

三国时期，刘备的蜀国和孙权的吴国曾经联合起来对抗曹操的魏国，不仅如此，还使赤壁之战中曹军狼狈不堪。从此之后，三足鼎立的局面形成了。但好景不长，孙权先背弃盟约，夺取荆州之后，又擒杀关羽。

接连不断的事件，对于刚刚称帝的刘备无疑是沉重的打击。因为从战略位置上来讲，荆州对实现“隆中对”的战略十分重要。荆州丧失，刘备原先所拟定的两路出师，以及北定中原的战略方针就无法如期实现。

也正因为如此，章武元年（221年），刘备就亲率10多万大军南下，决意用武力从孙权手中夺取荆州。在刘备计划之时，蜀汉方面诸葛亮、赵云等大臣、将领都看到了，这时率兵去攻打吴国，会对蜀国十分不利，因此都曾苦苦劝谏刘备不要出兵攻吴。

东吴南郡太守诸葛瑾也曾给刘备写信，向他陈说其中的利害，希望刘备停止攻吴行动。但是无论他们怎样劝谏，刘备还是坚持己见，丝毫也听不进这些忠言。

于是孙权任命右护军、镇西将军陆逊为大都督，带领5万吴军开赴前线作战，抵御蜀军。一开始时，刘备取得了一些胜利。后来，陆逊作战之时避敌锋芒，实行大踏步退却的战术。他带着吴军一直撤到夷道、猇亭一线的阵地之中。

蜀汉军队进入夷陵地区后，就直接屯兵长江两岸。而就在这时，蜀军已深入吴境，由于此时遭到吴军的顽强抵抗，所以就使蜀军东进的势头停顿了下来。

吴军为了守住重要的战地，就坚守不战。为了逼陆逊快速出战，刘备遣前部督张南带兵去围攻驻守夷道的孙桓。吴军知道这件事情后，诸将纷纷要求出兵救援孙桓。但是，孙桓坚决拒绝了分兵援助夷道的建议，此举恰恰避免了分散兵力和过早地消耗兵力的错误。

刘备为了逼吴军进行决战，于是就故意到阵前辱骂陆逊，想激起他作战的决心。但是陆逊对于刘备的做法置之不理，很能沉住气。这样，由于陆逊坚守不战，从而破坏了刘备以优势的兵力企图速战速决的战略意图。

两军在夷陵一线相持达半年之久，也未曾交战。蜀军将士在这样的僵持之下，精神逐渐懈怠了下来，失去了主动进攻的优势地位。

一直拖到炎热的六月，蜀军将士不适应那样的天气，疫病越来越多。刘备看到这种情况也无可奈何，只好将水军舍舟弃船转移到陆地上，在深山密林里建立了自己的军营，依靠附近的溪涧，屯兵休整之后，准备等到秋后再发动进攻。

由于蜀军是处于吴境内的崎岖山道上，远离后方的军队，使后勤保障很是困难。再加上刘备百里连营，就这样来回折腾，致使兵力分散，从而为陆逊实施战略反击提供了可乘之机。

陆逊看到了这样的形势，知道战机成熟，于是就转入战略反攻。他首先派遣小部队进行了一次试探性的进攻，但是这次的进攻并没有达到所希望的目的，不过陆逊从中找到了破敌的方法：就是用火焚烧蜀军的连营。

陆逊命令吴军士卒各持茅草一把来掩饰自己，到了晚上趁着夜色突袭蜀军的营寨，还顺风放火烧营。一时间火势不可阻挡，使得蜀军大乱。

这时，陆逊则率领主力乘势发起反攻，迫使蜀军西退而去。吴军的攻势进展顺利，很快就攻破蜀军营寨四十余座，把蜀军打得溃不成军，死伤无数。这样的形势令蜀军兵败如山倒，就连蜀军战车、船只和其他军用物资都丧失殆尽。

蜀军将领张南、冯习及土著部族首领沙摩柯等相继阵亡；杜路、刘宁等卸甲投降。没有了蜀将的带领，大多数的蜀军士兵也都投降或溃散。刘备狼狈带领残军乘夜突围逃遁，逃至白帝城。到了第二年的四月，刘备恼羞于夷陵惨败，悔恨自己一时轻敌，一病不起，最终死在了白帝城。

刘备一生败战无数，但极少有全军覆没的，夷陵之战却输得干干净净，原因只有一个——轻敌。如果他不轻视陆逊，也就不会用十分冒险的连营之计，也不会在陆逊攻击自己的致命缺点时仍坚持作战，更不会在败局已定的情况下还妄图反败为胜，最后毁掉自己一世英名。

刘备本来具有相当丰富的军事经验，但夷陵之战中完败，原因就是他恃强冒进，不懂得运用兵法，也就犯了兵家之大忌。相反，陆逊善于正确分析敌情，在不利的情况下坚守不战，对于刘备辱骂自己却能隐忍不发，拒绝和强大的蜀军正面冲突，避其锋芒，再后发制人。等到时机成熟，抓住刘备远征无力和布营上的弱点，再采取相应的策略，施以致命的一击，终于以处于劣势地位的吴军打败兵力占有优势的蜀军。这种做法创造了由防御转入反攻的成功战例，从而也体现了陆逊高超的指挥艺术和军事才能。当然，这也表明陆逊是个善于控制自己情绪的天才，这才让他铸就了夷陵之战的辉煌。

公元前154年，吴王刘濞串通楚、汉等7个诸侯国，联合发兵叛乱。当时吴王野心勃勃想一统天下。由于策划了很久，吴王直接去攻打依旧效忠朝廷的梁国，梁王派人向朝廷求援。

汉景帝决定派周亚夫率兵援救。问及周亚夫出兵之计，周亚夫认为现在吴楚大军兵锋正锐，立即应战的话，很难在面对面的战斗中取得胜利。此时应该用梁国拖住叛军的主力，而朝廷主力则兵出对方的粮道，切断对方的粮草供应，时间一长，对方就会不战自溃。汉景帝同意了这个战略建议。

周亚夫调集军队在荥阳会合，这时吴国军队昼夜攻打梁国，梁国的形势越发危急。周亚夫却领兵向东北急行至昌邑，深沟高垒进行防御。

梁国每日都派使者请求援助，周亚夫却坚守营垒不去救助。梁国向景帝上书，景帝派使臣命令太尉救援梁国。周亚夫却不执行，坚壁不出，而派弓高侯、韩颓当等人率领轻骑兵断绝吴、楚后方的粮道。吴兵乏粮，饥饿难当，多次挑战，周亚夫终不出击。这时刘濞无计可施，数十万大军驻扎城外，但是粮草却无法供应。双方对峙，叛军即使之前再强大，现在也已经没有战斗力了，而周亚夫的军队早已养精蓄锐，跃跃欲试。周亚夫看到时机已经成熟，调集部队，突然对叛军发起猛攻。精疲力竭、软弱无力的叛军自然大败，刘濞落荒而逃，不久在混乱之中被杀。

在我们的生活之中，往往许多人都抱怨竞争对手太强，致使自己没有机会。但种种事例都告诉我们，在面对强大的竞争对手的时候，我们要学会利用对手的不足之处，换一种说法就是，对手的这些不足就是我们的机会。我们要好好把握住这些不足，再下手攻击，这时往往能够成功。

“投机者最重要的品质就是当机立断，在你确定赔钱的时候，立即认赔，并且忘掉它，珍惜上一次投机带来的宝贵经验，然后准备下一次的战斗。”这是美国著名投机专家杰西·利弗莫尔曾说的一句话。

利弗莫尔曾在哈定公司做棉花的投机生意。这时，舒伯特朝他走了过来，告诉他自己想要和他一起做这笔生意。当利弗莫尔问道为什么的时候，舒伯特说他看上了一件皮大衣，而且他想要股市为他付钱。这让利弗莫尔很吃惊，同时他也善意地拒绝了舒伯特的请求。不过固执的舒伯特并不想轻易放弃，希望利弗莫尔给他透露一些有关棉花投机方面详细的信息。

而事实上，利弗莫尔并不觉得棉花会有多大的空间，这不过是他为了合作伙伴汤姆斯而买进的。而舒伯特却不这样认为，他觉得汤姆斯是研究棉花市场的专家，利弗莫尔大力买进的五月棉花肯定稳赚不赔。

回去后，舒伯特也跟着利弗莫尔，买进了许多棉花，稳稳地赚了一笔。这让他尝到了甜头，于是他又买进了许多棉花。而此时，买了许多棉花的利弗莫尔意识敏锐，他突然发现市场有点不对头，市场的秩序变得混乱，已经不在掌控之中。于是他做出了一个大胆而理智的决定：立即出手，把棉花全都卖了出去。

善良的利弗莫尔把棉花都脱手之后，他觉得自己有必要提醒一下舒伯特，让他也把手上的棉花全部卖出去。不料，舒伯特并不听他的话，而是理直气壮地说："现在卖出去肯定会亏，我还要等着它为我的皮大衣付钱呢！"利弗莫尔知道舒伯特是一个固执的家伙，没有多说什么，他默默地离开。

果然，利弗莫尔的预言是正确的，没过几天，舒伯特便慌里慌张地跑到他面前，说："杰西，棉花狂跌了。"利弗莫尔并不意外，依然劝他："是时候把棉花都卖出去了，你还在犹豫什么？”舒伯特仍然不甘心，脸色十分痛苦地说：“我要是把它卖了，我的皮大衣怎么办呢？”最后，棉花狂跌，一直不愿卖出棉花的舒伯特，最后只能被迫清仓。

利弗莫尔并没有因为棉花狂跌而放弃对棉花市场的研究，相反，他利用每一次的宝贵经验，进行反思、总结，最后发现了棉花市场的规律。于是，他十分兴奋地找到了正为棉花犯愁的舒伯特：“我觉得你现在应该放开手脚重新做一次，现在是大好时机，不容错过啊。”舒伯特一听，立即皱紧了眉头，他摆摆手对利弗莫尔说：“杰西，我的皮大衣已经没了，我不希望自己的内裤也输掉。”

最终，舒伯特拒绝了利弗莫尔的好意，他不想因此让自己一无所有。后来，利弗莫尔找到了另一个拥有大量棉花的人，让他参与做棉花的生意，取得了让人艳羡的成绩。

随后，这位投机大师说道：“投机其实也有天分的，有的人生来就适合投机，有的人无论怎么培养都不适合。两种人区别就在于，后者不能忘掉过去失败的痛苦，总是活在过去的阴影下；而前者则毫不理会以前的失败，珍惜之前失败留下来的宝贵经验，并着眼于未来。”

舒伯特就是一个反面例子，他在生意中想到的只是成功与失败，从来没有珍惜过去留下的宝贵经验。而只有一个善于反思，找到软肋，继续出击的人，才会取得更好的成绩。

距离，一种若隐若现的美

很多时候，人们都认为识时务者为俊杰，但事实上，我们也需要骨气，尽管这将影响人际关系，但这种因骨气产生的距离，往往能产生不一样的力量。

达·芬奇是意大利有名的画家，但在年轻的时候，他并不如意。

一天，外面下着滂沱大雨，他安静地蜷缩在一个房间里。说得准确些，是待在一个破旧的贫民窟里，由于房间十分简陋，到处都会漏雨。

他觉得很辛酸，曾经他也有过一个美好的童年。那时，父亲是当地有名的公证人，能够赚到足够的钱养活一家人，他们住在大房子里，从不吃剩下的食物，过着丰衣足食的生活。

母亲是个典型的农家女，在家里煮饭，打扫房间，平凡却贤惠。那时候达·芬奇便想，以后自己一定要成为像父亲一样有出息的人，建立一个美满的家庭。

那段时间，达·芬奇喜欢上了画画，一家人都很支持他，尤其是他的父亲，还请专业的画家过来授课。年轻的达·芬奇很聪明，学得很快，就连教他画画的老师都对他赞不绝口。

可惜好景不长，安逸的童年还未过完，一件可怕的事让这个充满欢乐的家庭走向了毁灭。达·芬奇的父亲爱上了另一个年轻貌美的女子，为了证明对她的爱，父亲把自己所有的财产都交付于这个女子，抛弃了母亲和达·芬奇。

母亲没有能力赚钱，只能带着达·芬奇一路沿街乞讨，不过母亲是个有教养的人，她告诉达·芬奇，做人是要有骨气的，你以后一定要成为受人尊重的绅士。

在一个风雨交加的晚上，母亲因病带着遗憾离开了人世，留下了孤苦无依的达·芬奇。这样一来，达·芬奇陷入了前所未有的困境之中。那段时间对他来说，一切都是痛苦的，没有房子住，没有饭吃，基本上都是去垃圾桶捡别人吃剩的东西。

随着年龄的增长，达·芬奇开始去给富人打工赚钱，为了省钱买画画需要的东西，他住进了极其廉价的贫民窟。

后来，他在画画上有了进展，便靠画画为生。他画画十分勤奋，有了灵感的时候，常常通宵达旦地画。他把自己画的画摆在外面，希望能够得到更多人的赏识。

不过，事情并没有想象中的简单。一天，城里一个有名的绅士路过他的画摊，俯身看他的画。绅士先是一言不发，过了会儿，突然脸色大变，他把达·芬奇的画统统撕掉，并骂他画的画有损市容，赶紧离开这里。

达·芬奇愣在原地，他感觉十分耻辱，像是有人正在践踏他的自尊一般。他甚至想要自杀，离开这个让他伤心欲绝的地方，逃避那些讨厌的人。

不过，那个成为大画家的梦想突然冒了出来，鼓励了他。他不能这样一死了之，他还有更多更重要的事情去做。他也想过要去寻找自己曾经的父亲，让他帮助自己，不过立即就在心里否定了这种想法，因为他想起了母亲的话，做人要有骨气，不想让母亲难过。

最后，他决定全身心地投入画画中，一连好多天，他都闭门在家，潜心研究画画。后来，正如他的志向一样，他成为一名杰出的画家。而他的名字，则永远载入了史册。

这里要提的是达·芬奇的骨气，骨气是他与他人保持距离的一种特质。他正确地运用它，并为了更好的未来努力，最后实现了成功。

这种距离看起来有些不近人情，但给他带去了许多能量。

我们一生中会遇到很多坎坷、挫折，而这有些时候会给我们带来致命的一击，但请告诉自己：不要放弃，坚持努力，实在不行，我们可以逃避、远离，与它们保持一定的距离。这不是选择放弃，而是让距离带来奇迹，带来还击和胜利。因为，距离真的可以带来美。

糊涂是福不是祸

看似糊涂心里却如明镜，这是一种大智若愚的智慧。生活中总是会有这样或者那样的事情，让我们无法直接按照常理去对待，这个时候我们就需要用到糊涂，只有这样，很多原本将要失去的东西，还会为自己所有。

在一家公司，秘书科的龚娜在接到一家客户的生意电报后，立即向经理做了汇报。

当时经理正在与另一位客人说话，听了龚娜的汇报后，他只是点点头，说了声：“我知道了。”然后与客人继续会谈。

过了两天，经理把龚娜叫到了办公室，怒气冲冲地质问她为什么不把那家客户打来的生意电报告诉自己，以至于耽误了一大笔交易。龚娜就想辩解说已经汇报过了，但当时经理一直没有给她开口的机会。

站在一旁的办公室赵主任也一个劲儿地向龚娜使眼色，暗示她不要申辩，弄得龚娜迷惑不解。经理发完火后，便立即叫龚娜走了。

赵主任也一块儿走出来了，告诉她，刚才你若是申辩就错了。龚娜当时还是没明白。事情过了很久，龚娜才逐渐明白了其中的道理。经理后来也知道龚娜已经向他汇报过了，是他当时忘记了此事。

但是，他是公司的经理，不能因此而在公司里下不了台。经理的发怒并不是针对龚娜，而是说给全公司员工听的。如果龚娜不明事理，当时就这样与经理申辩，恐怕不仅不会被经理承认，还很有可能因此而被解雇。

也许你会问，是不是在上司错怪了自己之后，都不要去申辩呢？其实也不要简单地下这样的结论。我们还要具体事情具体分析。上面的例子可以发现，经理之所以如此斥责龚娜，龚娜却不能申辩，全是因为事关经理本人。假如事情不是这样，那就另当别论了。

所以，我们在平时做事情的时候不可鲁莽行事，要顾全大局，要知道自己什么事情该做，什么事情不该做，真正理解“有所为而有所不为”的含义，学会适当地装糊涂。只有这样，才能在为人处世之中做到游刃有余，不仅受到身边人的尊敬，还会将自己所做的事情做得最完善。在磨炼自己的同时，顺利地走向成功之路。

“逃避”不失为一种智慧

一件事情眼看就要成功了，却碰到了一个难以解决的问题，这个时候理智的做法是，先去分析这个事情的本质，如果能通过其他途径解决那是最好，如果不能，选择逃避问题本身，从其他方面入手，找到适合的策略，一样能够获得成功。

策略是什么？是为了达到成功、实现目标的工具，是建功立业、成大事的资本，是圆融通达的处世智慧。

历史上这样讲策略的例子确实不少，其中刘备是一个典型。刘备以仁爱的姿态对待结拜兄弟，以体恤的心态对待谋士，自己还放下身段三顾茅庐请求诸葛亮出山相助，之后又以仁义之德欲擒故纵赢得荆州。其实，他这样做最终的目的只有一个，就是想成为一方霸主，进而能够称雄天下。

对于“曹操煮酒论英雄，关公赚城斩车胄”这句话大家应该不陌生。这句话讲述的是刘备的智谋故事。从这个故事中可以看出，刘备是一个很会讲究策略的风云人物。当时有一段时间，刘备投靠了曹操，虽然寄人篱下，但刘备的雄心壮志并没有从此消磨，反而对自己更有信心了。他一直等待着施展才华的机会，但是从来都不会表现出来；同时还要防备曹操对自己的谋害。

怎样才能让曹操对自己没有戒心呢？经过一番思虑之后，他就在住处后院种了一些菜，并且亲自浇灌。这样做的目的就是让人觉得他胸无大志，这就是韬光养晦之计。

在关羽、张飞看来，他这样的做法很是奇怪，于是就问道："兄长不留心天下大事，却在这里种菜，真不知道您是为什么。"刘备说："我做这些事情，不是二位兄弟所知道的，你们就别再问了。"

有一天，曹操派人来请他去赴宴，这使得刘备非常不安，因为刚刚朝廷中有人秘密联络刘备，想要共同举事，杀掉曹操，光复汉室。

刘备心里十分忐忑，但他必须去赴宴以免引起猜忌。酒喝到一半的时候，曹操突然问道："您在这乱世上也立足了这么长的一段时间，想必一定非常了解当世的英雄，请说说看吧。"刘备抿了一口酒，故弄玄虚，历数了袁术、袁绍、刘表、孙坚、刘璋、张鲁、张绣等人。

谁知说完这些人物之后，曹操鼓掌大笑道："其实您所说的这些人都是一些碌碌无为之辈，这样的人怎么可以称为天下的英雄呢？我看您真是会说笑啊！"刘备回答说："您要认为这些人不算是当今的英雄，那我实在不知道了。"曹

操说：“凡是称得上英雄的人物，都胸怀大志，都有自己的远大理想，腹有良策，具有包藏宇宙的心态，吞吐天地的气概，这样的人才会称得上英雄。”刘备接着问道：“那您认为现在谁才可以担当这英雄的大名呢？”曹操严肃地先用手指指刘备，又指指自己，说：“要说到这天下的英雄，也恐怕只有您和我了。”

刘备听曹操说完这句话，不禁心中一惊，拿在手中的筷子就掉在了地上。正巧这时外面雷声大作，于是刘备灵机一动，便从容俯下身去拾起筷子，然后对曹操解释说：“这么大的雷声，都把我的筷子吓掉了。”曹操笑着说：“您是堂堂大丈夫，难道也怕这小小的雷声吗？”刘备说：“圣人说‘听到这样的雷声，天下就会有很重要的事情要发生’，您说这样的大事，我怎能不怕呢？”就这样，刘备将自己刚才的失态掩饰了过去，曹操也就不再怀疑刘备有野心了。刘备逃过了一劫。这就是著名的“煮酒论英雄”的故事。

曹操自认为是英雄，但是心里担心刘备与自己为敌，平时都会对刘备很小心，做事也很谨慎，没想到酒后竟将自己的心里话说了出来。刘备在投靠曹操期间一直装傻，自己的真实想法一点都没有表现出来，一直就想打消曹操对自己的怀疑，谁知如今却被曹操一语道破，如此一来心中哪能不惊?

刘备心中惊慌致使举止失措，不仅如此，还将筷子掉在地上，原因是刘备虽投靠曹操，却始终不甘寄人篱下，并没有因为这样就使自己的宏伟大志从此沦落，自己还是在寻找机会以期东山再起。但是曹操生性机敏，怎会对刘备的失态不生疑心。

正当这时，外面雷声大作，于是刘备就将此作为借口，从容俯下身去拾起筷子，说：“这么大的雷声，都把我的筷子吓掉了。”这就说明刘备懂得随机应变，这样就把自己的失态行为掩饰过去了。不仅使曹操没有对他起疑心，还认为连雷声也怕的他不会成为什么大英雄，刘备的这种做法实在是高明。

刘备这样隐藏自己的才华，不将自己的实际想法表现出来，还耕田劳作，就这样隐蔽自己的真实企图，原因就是当时他的实力不足。在这样的情况之下宁可受委屈，也要保全自己，只有这样才会有日后东山再起的机会，这也可见刘备的深谋远虑。

有人认为，逃避是胆小怕事，没有勇气的象征。而事实上，很多情况下，不能正面地迎击时，逃避能够很好地避其锋芒，待日后找准机会，便可出其不意获得成功。因此，逃避是一种人生的智慧，也是为人处世需要学习的策略。只有知道在什么情况下该勇敢地对面障碍，在什么情况下该逃避障碍的人，才是强者。

不为打翻的牛奶哭泣

得到意味着失去，世界上任何事情都是双面的，就像有阳光的地方必然存在阴影。所以，我们不必为某次失去而耿耿于怀，应该活在当下，珍惜已经拥有的。一个人如果活在记忆中，彷徨度日，日后难以有所作为；一个人若能够从失败的阴影中走出来，重新规划人生，并积极进取，终有一天，成功会属于他。

据说很久以前，有一只蜘蛛住在淮安寺的横梁上，久而久之，它居然有了灵性。原来，淮安寺香火鼎盛，它在里面受到了香火和祭拜的熏陶，长年累月进行修炼。

在日夜织网的过程中，一千年很快就过去了，蜘蛛发觉自己佛性已然大增。就在满一千年的那天，发生了一件天大的喜事。由于这座淮安寺香火很旺盛，来上香的人络绎不绝，诚心加在一起，把佛祖打动了，于是佛祖那天也来到这里。佛祖看完寺庙的情况后，心情十分愉快，打算去别的地方逛逛，不料，栖身在横梁上的蜘蛛结出一张金网，吸引了佛祖的注意力。佛祖欣喜地对蜘蛛说：“冥冥之中必有定数，你我在寺中相遇，看来缘分已到。现在，由我来问你一个问题，希望你诚实回答。”蜘蛛见是佛祖，连忙受宠若惊地回答：“好的，佛祖请讲。”待蜘蛛答应后，佛祖这才问道：“我知道你已然和别的蜘蛛不同，因为你有一千年的佛性和功力。但我问的问题跟这个无关，我只要你诚实地告诉我，你觉得世界上最珍贵的东西是什么？”蜘蛛小心翼翼地思考着，过了许久，它才弱弱地把答案告诉佛祖：“我认为，‘得不到’和‘已失去’应该是世界上最珍贵的东西。”佛祖没再说什么，而是朝蜘蛛微笑，然后便消失不见。蜘蛛并不明白佛祖的意思，也不知道自己答得好不好。佛祖走后，它又恢复了以往的生活，每天诚心诚意地在淮安寺的横梁上修炼，看世人前来上香拜佛，体味着世间的人情冷暖。转眼间，又是一千年过去了。蜘蛛的诚心修炼也有了结果，它的悟性和佛性又增加了一倍以上。那天晚上，佛祖像之前那样路过这里，并上前问蜘蛛第一次问题的答案。经过两千年的修炼，蜘蛛早已看破红尘，它这次不假思索地答道：“佛祖，我觉得答案仍然是‘得不到’和‘已失去’。”佛祖听后，点点头，对蜘蛛说：“你的回答跟上次一样，不过，你不妨再仔细想想，也许会得到意想不到的答案。”和上次一样，待蜘蛛回过神来，佛祖早已消失得无影无踪。

修炼的时光对于蜘蛛来说，总是过得很快，它觉得很充实。尽管一千年很长，但在它眼里，一千年的时间就像在织网，总会有结束的时刻。那天早晨，蜘蛛十分难过。原因很简单：窗外一阵大风把一颗晶莹的露珠吹落到蜘蛛网上，那颗露珠实在太漂亮了，令蜘蛛着迷，甚至忘记了继续织网和修炼。就在蜘蛛陶醉其中时，一阵狂风袭来，甘露眨眼间没了踪影。蜘蛛感觉内心深处颤抖了下，好像失去了人生中重要的东西，心情十分抑郁，根本没有心思继续修炼。晚上，佛祖如期到来，他像往常一样安静而淡定地问蜘蛛："蜘蛛，一千年不见，但我却知道你经历过什么。那么，现在你如实地告诉我，世间最珍贵的是什么？"又是原来那个问题，蜘蛛早想到佛祖还会这样问，因为它也花了一千年的时间好好想了佛祖这个问题。但佛祖从来没有对它的答案表态，是好还是不好，都不得而知。这时，蜘蛛回想起早上失去的那颗甘露，极其坚定地对佛祖说："佛祖，你一直问同样的问题，而我的答案也从来没变，仍然是'得不到'和'已失去'。这次也一样。"佛祖见蜘蛛如此执着，没有继续谈论这个话题，而是这样说："好吧，蜘蛛，我让你去世间走一遭吧。"

佛祖施了法术后便离开了淮安寺。而蜘蛛，它惊讶地发现自己变成了一个倾国倾城的少女，身处一个装饰富贵的房间，她问了问下人，才知道现在她的身份是官家大小姐，名叫蛛儿。那天晚上，新科状元甘鹿在后花园大摆庆功宴，为了助兴，特意邀请了许多名门望族的妙龄少女。作为宰相家的千金大小姐，又有着举世无双相貌的蛛儿，自然也在受邀者之列。晚上，甘鹿在后花园大展才艺，令无数少女为之着迷。其中，包括皇帝的小公主长风，她也喜欢上了才华横溢的甘鹿。虽然蛛儿发现了这些，但她一点儿都不着急，因为佛祖答应过她，替她安排好了这段姻缘。

后来，事情的发展并不顺利，没想到甘鹿完全不喜欢蛛儿，两个人的关系和陌生人一样。这可急坏了蛛儿，她不得不把当年两人在淮安寺巧遇的事情说出来，甚至还提起了蜘蛛网，结果，甘鹿不冷不热地嘲笑她："你说完了吗？你这个想象力丰富的怪女人。"蛛儿这下彻底拿甘鹿没辙，只能一个人待在家中，期盼甘鹿有一天会回心转意。但事与愿违，就在甘鹿拒绝蛛儿不久后，皇帝发布了一道圣旨，要求甘鹿和长风公主即日成婚。蛛儿早就知道小公主长风喜欢甘鹿，两个人也在后面的日子里相互倾心，要皇帝下圣旨肯定是长风的意思。这对蛛儿来说，完全无法接受，本来是属于自己的一段美好姻缘，却被他人给毁了，蛛儿倍感凄凉，心情一落千丈，连着许多天，滴水未进。

当今的太子芝草知道这个事后，内心十分焦急，他急匆匆地从皇宫赶来，表达了自己的爱慕之意，拔出宝剑，告诉蛛儿，如果她再不吃东西，自己将自刎，以死相逼。

蛛儿哪有心思理会这些，她想到甘鹿和长风将要成婚这个消息，心里就像是千刀万剐，疼痛随时传遍全身每一根神经。她冷漠地看着太子芝草却无动于衷。当太子真的要拔剑自刎的时候，佛祖终于来了，对蜘蛛说："可怜的蜘蛛，到现在还不明白吗？那个给你带来甘露（甘鹿）的正是风（长风公主），到后来也是被风带走。但你不能忽视眼前的幸福啊，太子芝草其实是淮安寺里的一棵小草，他看了你三千年，爱慕了你三千年，但你从来没注意到。蜘蛛，你再好好想想我的问题，世间什么最珍贵？”蜘蛛听完佛祖的话后大彻大悟，她终于明白了什么才是幸福，于是，她跑到太子身边，紧紧地抱着他，像抱着失而复得的幸福。

幸福是什么？网上有这么一句话十分流行：幸福就是猫吃鱼，狗吃肉，奥特曼打小怪兽。其实，关于幸福，每个人都会有不同的定义和见解，不能说谁对谁错，不一样的人会有不一样的人生追求，所以幸福也有大有小，各有差异。但最终，幸福都是公平的。最珍贵的东西不是“得不到”和“已失去”，而是把握当下，珍惜眼前的人和物，那才是幸福。

因此，千万不要为打翻的牛奶而哭泣，因为那已然是过去的事情了，为了幸福，我们应该珍惜现在的点点滴滴。

纽约曾有一个著名的房地产商人，名叫亚伦·桑德斯。他在房地产上的独到见解使得他白手起家的历史成为传奇。不过，人生总有高潮，也有低谷。第一次成功创业，并取得了一定的成绩之后，他不得不面临破产这样一个残酷的现实。

很少经历失败的桑德斯一连几个月都没有了笑脸，处于极度的沮丧中。那段日子，他把自己锁在家里，不愿意见别人，甚至对任何事情都提不起兴趣。桑德斯的妻子对丈夫的表现很担心，想要帮助他从失败的阴影中走出来。于是，她想到了桑德斯以前的老师保罗·布兰德温先生，并通过电话约了他。

很快，一蹶不振的桑德斯收到了布兰德温的电话留言，约他在一家咖啡馆见面。这让桑德斯很惊讶，不过他依照约定好的时间来到了那家咖啡馆。

当桑德斯走进那家咖啡馆的时候，发现布兰德温早已在那等待多时了，于是他赶紧上前去向老师问候。两个人相互寒暄了会儿，布兰德温突然说道："你的妻子把情况都告诉我了。对于你的遭遇我表示很难过，那么，你就打算这么一直堕落下去吗？"桑德斯听完后有些难受，除此之外还能怎么办呢？破产了，一切都没了。桑德斯陷入了沉默，他低着头。坐在一旁的布兰德温激动地把手中的咖啡全部泼到了地上，接着说："亚伦，难道你忘了我以前怎么教你的吗？"

当然，那堂课永生难忘。思绪把他拉到了从前。

那时候，桑德斯是纽约高级中学的一名学生，年龄很小，而布兰德温先生则是他的生理卫生课老师。

一天上实验课时，布兰德温先生把满满一瓶牛奶放到桌子上，微笑着问他的学生们："告诉我，这是什么？"

学生们觉得很奇怪，转而哄堂大笑，觉得老师太低估他们的智商了，这是连没学会走路的小孩都知道的东西。

就在课堂一片混乱的时候，布兰德温一下将牛奶打翻，牛奶流满了桌子，老师继续问道："现在请你们告诉我，这是什么？"

所有的人都惊讶了，他们立即停止了嬉笑。布兰德温镇定地说：“我想告诉你们这样一个道理，有些东西失去了，无论你怎么抱怨、怎么悲伤，它都没有办法回来了。就像眼前的牛奶，刚才还明明在瓶子里，现在流到桌子上，就再也装不回去了。”

布兰德温一边说一边拿着空瓶子接满水。他告诉学生：“你们看到的瓶子现在已经装满了水，虽然这是水，但它的价值肯定要高于刚才失去的牛奶。这跟我们的现实很像，有些学生平常很努力，花了很多时间在学习上，但学习成绩仍然很差。这些都没有关系，只要你们珍惜现在的自己，珍惜时间，不为过去的失败而烦恼，就一定能获得成功。”

那段时间，桑德斯的成绩也并不好，就是因为听从了布兰德温的话，才让自己的成绩有了起色。想到这里，他赶紧跟老师道谢：“老师，我一直不忘您的教诲，谢谢您，我知道该怎么做了。”

和布兰德温分别后，桑德斯立即从失败的阴影中走了出来，开始了人生中的第二次创业，获得了成功。

在人与人之间的交往中，千万不能因为曾与某个人吵过架或者因为某个人做过一件错事，便老死不相往来，这是错误的。想要成为一个为人处世的高手，就应该有一个大的胸襟，能容纳自己的过错，原谅别人的过错，忘掉打翻过的“牛奶”。

思考的时候，可以“逆反”一下

陷入无法走出的困境时，想要柳暗花明，的确得费一番工夫。事实上，大多数人的思维都是常规思维，思考问题都是从问题本身入手。这种思维方式其实很管用，能够解决很多问题，毕竟它是根据问题本身提出的方法，具有十分强大的针对性。但当碰到一个问题无论如何也想不明白时，何不试试逆向思维，这种思维往往能在看似不可能的时候找到一片新天地。

从前，有个屠夫很饿，宰了一头羊，打算自己享用。就在这时，从不远处走来一个衣衫褴褛的穷人。穷人安静地坐在一旁，看着屠夫烤羊肉。屠夫瞪了他一眼。穷人不紧不慢地从怀里掏出一些简陋的食物，伴着烤羊肉的香味，吃得津津有味，并且很快就吃完了。

打算离开时，穷人微笑地对屠夫说：“好心的屠夫，谢谢你让我在吃东西的时候，送给我如此美好的佐料，这股烤羊肉的香味是我这辈子都无法忘记的，我现在好饱啊。”屠夫本来就一肚子火，听到穷人这样说，更是气不打一处来：“难怪我的烤羊肉不香了呢！就是怪你，我要告你。”

果然，屠夫并不是说着玩玩，他真把穷人告到了国王那里，国王觉得穷人理亏，于是判决穷人在明天付给屠夫二十卢布，以示补偿。穷人觉得很委屈，一边大声地痛哭一边走路回家。

镇上有名的智者看到了这幕，微笑道：“不要哭了，这是二十卢布，你明天拿去交给屠夫，不过在我没有到之前，千万不能给他。”

第二天，穷人早早地来到了国王宫殿，等了会儿，屠夫和国王都出现了。穷人说：“尊敬的国王陛下，我只闻了羊肉的味道，没吃他的羊肉，如果现在我付钱给屠夫，明显是我吃亏了。”

国王想想，觉得穷人说得有道理，但又不知道该怎么判决。正在这时，智者应约来了，他冷静地问穷人：“你把二十个卢布放哪儿了？”穷人赶紧从怀里把钱掏出来：“在这里。”

穷人说完，便把钱递给智者。“你过来，我把钱给你。”智者对屠夫说道。

屠夫很开心，以为马上就能拿到钱，急匆匆地走到智者面前，伸出手想要把钱接过来。智者阻止了他，说：“请你等一等。”说完，智者把手上的二十卢布全部扔到地板上。

国王很好奇地看着这幕，问道：“你这是何意？”智者微笑道：“穷人没吃到羊肉，只是闻了香气，现在我让屠夫得不到钱，却能听到钱的响声，这么一来，不是两清了吗？”

看完上面这则小故事，我们也许会感叹屠夫的霸道以及穷人的无助，但印象深刻的当然是智者的智慧。一件原本已成定局的事情，智者听后，并没有打算在赔钱上下功夫，而是反其道而行之，找到了这件事情的关键所在。

爱迪生是举世闻名的“发明大王”，一生中的发明不计其数，为人类的进步做出了巨大的贡献。

但很多人都不知道，爱迪生先天智力低下，是众人眼中的“低能儿”，不仅如此，他从小就很淘气，不爱学习，在学校表现也很差，甚至被劝退。

后来，由于外在各种因素和爱迪生不爱上学的原因，他在3个月后，选择辍学在家。这时，爱迪生的母亲发愁了，她不想儿子从此浑浑噩噩地过日子，到最后一事无成。于是，她通过关系从学校买来书本，在家里教爱迪生学习知识。

爱迪生是个喜欢思考的孩子，这让母亲很开心，为此，母亲常常引导他：“许多问题看起来没有办法解决，但是从另一个角度去看，或者选择逆向思维，往往能收到奇效。”

母亲的话在很大程度上鼓励了爱迪生，他觉得思考是件很快乐的事情，尤其是当问题通过思考成功得到解决的时候，那种成就感更加振奋人心。

思考的作用很多，其中很重要的一点，就是通过思考，可以节约时间。

以前发生过这样一件事。那天，爱迪生正在研究一个新的项目，他的助理站在一旁束手无策。爱迪生见他是新手，没有责怪他，而是让他去测空玻璃灯泡的容量。助理从爱迪生手中接过灯泡后，便开始忙碌起来，爱迪生则继续忙着手头的事情。

时间过了一刻，爱迪生意识到现在需要用到灯泡容量的数据，他转过头问道："告诉我，灯泡容量是多少？"助手沉默着，没有回答。爱迪生继续耐心地问道："请你把灯泡的容量告诉我。"跟上次一样，助手还是没有回答他。

爱迪生觉得奇怪，他停止手中的工作，转身想去看下助手。结果，他发现助手完全被难住了，只见他眉头紧锁，双手拿着软尺认真地测量灯泡的斜度，还不停地把数据填写在桌上的白纸上。

爱迪生知道刚才助理没有回答他，肯定是没有算好结果，依照现在的情形，没有几个小时是算不出来的。爱迪生有些着急地说："你花太多时间了，难道你不会想想，有没有其他办法吗？"

助手抬起头，有些无助地看着爱迪生："那要怎么办呢？"

助理确实是没有办法了，他从一接到爱迪生的任务开始，就一直忙到现在，根本没停过。但是测量灯泡的斜度和直径都比较复杂，误差也得控制在一定范围，不仅如此，计算这种特殊容器的公式也十分烦琐，在短时间内要得出结果，那是件很困难的事情。

爱迪生明白助理的意思，他走到助理旁边，从测量仪上拿起那个空灯泡，手脚麻利地向里面注满了水，随后把它递给助手，说：“你现在去读下数据。”

助手看完后才恍然大悟，想要测量空灯泡的容量十分简单，先往灯泡里注满水，再把里面的水倒入量杯里，通过读取量杯的数据就能知道灯泡的容量。

这样一来，原本复杂的演算以及测量的误差都可以避免，这种方法真是奇妙。

“当一个问题不能用常规思维解决时，你应该多用逆向思维啊。用我这种方法测量，不仅准确，还节约时间。”助手听完爱迪生的话后脸涨得通红。是的，同样是灯泡容量测量，不一样的思维方式，爱迪生只需花不到1分钟的时间，他竟然要用半个小时。

这个故事也告诉我们这样一个道理：在生活中遇到问题时，不能盲目地去解决问题，让自己陷入到烦琐复杂的细节中去，而应该仔细地思考问题本身，想明白问题的本质是什么，哪种方法才是最快最合适的。只有找了问题的根源，才会产生与众不同的想法和思维，达到事半功倍的效果。

Part 04

遇见一个美好的自己

成功的路上有太多的困苦、坎坷，我们难免会伤心气馁、怨气冲天。但万事向前看，因为终有过去的那一刻。一个好的心态和平和的情绪，是我们打破黑暗、走向光明的关键所在。所以，不要在意那些负面的东西，在人生的路上，遇见一个美好的自己。

04

到什么山头唱什么歌

做人不能太精明，要学会明哲保身与藏锋掩锐。深藏不露是为人处世中的一种强势手段，其目的无非就是打消别人的疑虑。这样做既保护自己的人身权益不会受到伤害，同时也减少了自己仕途上的障碍。中国古代史上有很多的开国功臣没有做到善始善终，其原因就是不懂得退一步海阔天空。终于使皇帝疑心泛滥，以至于自身落得“鸟尽弓藏，兔死狗烹”的下场。

民间传说，前秦世祖苻坚出生的时候其背上有字：草苻臣又土王咸阳。就是说他将来会在咸阳称王建国，古人非常迷信这种吉利话。或许真应验了这个“祝福”，苻坚后来真的成了一国之君。苻坚在位的时候，身边有一个叫王猛的人，有经天纬地之才，苻坚非常重视他。于是王猛成了苻坚的另一只臂膀，每次有大事的时候苻坚总会问一下王猛的意见。可是曲终人要散，王猛病倒了。

王猛死之前的一段时间，苻坚还亲自为他祈祷，并且不时到他的床前慰问。在王猛生命的最后时刻还对苻坚说：建立自己的功业是一件很不容易的事情，现在天下虽然太平，但是鲜卑、西羌都是我们的敌人，都会危及我国的社稷，所以请陛下先平定这些乱党，不要和东晋为敌，否则后果将不堪设想。

王猛死后，苻坚非常伤心，他对太子说："天不欲使吾平一六合乎？何夺我景略之速也。"过了几年之后，苻坚便不顾王猛死前对自己说的话，一反常态，打算集合百万将士，南下去攻打东晋。苻坚考虑到这毕竟是一件大事，还是问一问群臣的意见。朝中大臣都不支持苻坚的想法，认为东晋微弱，对前秦构不成威胁，攻打东晋并不是一件好事。但是苻坚很是固执，坚持己见，说道："以我军的力量，每人投下鞭子之力就能断其流，有什么危险可言呢？"军中大臣对攻打东晋的事情争论，有赞同的也有反对的，最终也没有办法做出决定，于是苻坚便将关系比较亲密的阳平公苻融留下来商议此事。

苻融说："当今攻打东晋有三难啊。第一，于道不顺，晋国没有挑衅。第二，出动我国军队如果不顺，百姓会有畏敌之心。第三，群臣上下都不支持攻打东晋，必然会有其中的道理。他们说的可都是肺腑之言啊！"苻坚听了苻融的话后非常不高兴，脸色大怒道："连你也是这样，让我还抱有什么希望？"苻融见苻坚如此坚持己见，心中感觉很不舒服，于是哭着说道："东晋不可攻打，还请陛下三思啊。微臣之所以有顾忌，还不止于此。陛下宠鲜卑、羌羯之人。若是我军去攻打东晋，太子独自与弱卒留守京都，微臣认为不妥，这是件大事，后果不堪设想。陛下为何不想想王猛将军临终前所说的话。”苻坚仍旧听不进去。

苻坚回宫之后，他的宠妃也苦苦劝他不要出兵攻打东晋。苻坚便说：“这是军中的事，不是你们妇人可以预料的。”紧接着他最得宠的小儿苻铣也过来劝说他，他便训斥儿子道：“这是天下的大事，你应该知道的。”

众人的劝说都没有起到作用，于是，便找来了苻坚最信任的和尚安道法师来劝说他，但是仍然没有起到任何作用。无奈之下，太子亲自出马，来劝说他，但是最终都没有达到目的。苻坚还是坚持己见，一意孤行，亲自带领60万大军去攻打东晋。但是淝水之战使他损失惨重，战败后狼狈地逃回了国内。不撞南墙不回头，这就是老了以后的苻坚。苻坚之所以落个功德不圆满，就是因为他太“自以为是”“自见自伐”并且不知道自省，不听取他人的意见，最后的结局只能是劳民伤财，使自己的国家迅速走向灭亡。所以我们要避免这种毛病，要学会到什么山头唱什么歌，这样才能保持成功。

当年，王翦作为秦国的大将，统率60万人马去完成秦国最后的统一大业，他明白自己率倾国之兵出征，秦王对他肯定有防备之心。

于是他就想了一条妙计来安抚秦王的心，也可以说是保全自己之策。秦始皇亲自送他们到灞上时，王翦就向秦始皇提出了要求，他拿出一张地图，秦始皇开始以为战事又有什么变化，心中不禁一惊。哪知王翦拿出来的是秦国咸阳附近的地图，中间划了很多的良田，要秦王答应他完成大业以后赐给他。秦始皇说：“将军都要建奇功大业了，到时候想要什么就有什么，还担心这些干什么？”王翦说：“我作为大王的将领，即使建立了大功，也不会封王拜侯，倒不如当一个乡臣，多要些产业，将来为子孙后代留条生路，我也就此生无憾了。”秦始皇听后不禁大笑。

在攻打楚国的过程中，王翦不断地派使者回咸阳，说自己建立了战功，要求秦始皇多给他一些赏赐，要求秦始皇给他修一个大宅子，在宅子里面再种上花、养上鱼什么的。他的副将对于他的所作所为感到非常奇怪，心想王将军在战场上雷厉风行，做事如斩钉截铁一般，现在倒像个老妈子，啰啰唆唆地要这要那，作为平六国的大将军，还怕没有这些荣华富贵吗?

其实，副将怎么知道，王翦这样做是为了安抚秦始皇的心，也是保自己的命。他让秦始皇觉得自己只惦记着蝇头小利，并无什么大志和野心。真所谓破楚国易，破秦始皇心中猜疑难。王翦这样做并不是多此一举，这是老将军的过人之处，历史上有多少名将都浑浑噩噩地栽在君主的疑心上，最后都不知道自己是怎么死的。老将军回来后，再次邀功，只向秦始皇索要赏赐，滴水不漏地取得了秦王信任，不仅保全了自己，还终得善果。

王翦能够善始善终，与他懂得运用明哲保身术来护卫自己是分不开的。他不断地要求良田美宅，从表面上看就显得他十分贪财，是“众俱昭昭，我独昏昏”的体现，让秦始皇觉得他没有野心，可以放心使用，这才能够使他备受恩宠，直至终老。相反，如果他“妇女无所幸，财物无所取”，声名越来越响，官位越来越大，除了这些虚幻的东西之外，没有得到实在的赏赐，那离祸患也就不远了。

现在我们也一样，处在竞争激烈的社会，谁都想成就自己的伟大事业，所以我们更应该学会藏锋掩锐，到什么山头唱什么歌，不要把自己的一切都暴露在表面上，只有这样，才能在激烈的社会竞争中有所收获。

有这么一个寓言，说有位车夫拉车上桥，桥很陡，走到半路实在拉不动了。他急中生智，用力顶着车把，放声唱起歌来。他这一唱，前面的人停下来看他，后面的人想看看发生了什么事，就几步走过去追上他，而车夫则乘机央求大家帮着推车，大家一齐用力，车就推过了桥。车夫了解人们好奇爱围观的心理，所以他不靠蛮力一个人拼死拉车，而是靠在车把上唱歌，创造请别人帮忙的条件。如果他没有办法招人来推车，就算他用尽力气也不能把车拉过桥。这位车夫的办事策略堪称高超。本来是求人帮忙，结果却成了别人自觉自愿的行为，求人办事不露声色，浑然无迹，这一点，是求助者们都应该学习的。其实这位车夫也正利用了人们的好奇心来集中人力，从而达到了自己的目的。

在不同的环境下，我们要运用不同的技巧；面对不同的事，则应该做出不同的抉择，人这一生，只有随时保持一颗随机应变的心，才能把有利的事物为己所用。

争执是一种愚笨的方法

人与人交往产生分歧是很正常的事情，不一样的解决方法会产生不一样的效果。有的人为了自己的利益，与其争辩不下，最后反而让事情朝自己不愿看到的境地发展；有的人深谙其中奥妙，选择避免争辩，从另一个方面晓之以理，动之以情，最后达到双赢的目的。争辩是件很糟糕的事情，应当尽量避免。

在日常的生活中很多人喜欢表达自己的观点，说明自己的想法，申明自己的主张。但是在有些时候，自己所表达的观点未必正确，所申明的主张也未必合理。所以，在这种时候就会出现争执。

人们在交往或说话的时候总是会存在一定的分歧。双方为了谋求各自的利益，就难免会在一些问题上一争高下。当双方意见出现分歧之后，一定要做到能够尽量保持冷静，避免感情用事，尽可能地避免争论。争论本身不仅于事无补，有时反而会使事情变得更糟糕。

这样的话，你就永远也得不到对方的好感，更谈不上让他同意你的意见。避免争论最好的方法是，当对方陈述完毕之后，并不直接提出自己的意见，而是适当地承认他的观点，并努力寻找双方的共同点，然后再提出意见进行重新讨论。如果你认为实在是无法讨论，那就换一种方法，改为沉默。

需要注意的是，如果你的意见始终无法与别人的意见相同，尤其是当你提出了问题，但是依然与别人有分歧时，开口前一定要深思。若是急于表达而欠缺思考就会出现问题，而且急于表达未必比沉默倾听来得更有用。

甚至有些问题根本就不值得深究，更没有必要大动干戈地把小分歧变成大冲突。把大量时间和精力花费在这种小分歧上是十分不明智的。另外，如果自己或他人的情绪不佳，或是正在火头上的时候最好闭口不谈分歧。

俗话说，沉默是金。因为适当的沉默不仅可以控制自己的情绪，而且还可以给予对方梳理思路的时间。曾经有位名人说：沉默是迷人的、富有力量的。要想进行有效的沟通，必须懂得适当运用这最有价值的沟通工具——沉默。

沉默，也是避免无谓争执的行之有效的方法。换句话说，如果想要避免无谓的争执，那么就请学会沉默吧！

很多人会为了保护自己的利益，随时准备攻击别人。正是因为这个原因，我们平时做人要谨慎，即便是十句话中说对了九句也未必有人称赞，但是如果不小心说错了一句话，往往就会受到别人的指责；倘若十次计谋有九次实施成功也未必有功，但是只要是其中有一次失败了，责难之声就会很快地传到你的耳中。

面对这些更不能据理力争，因为根本无理可争。在这个时候，要善于利用沉默。你可以不表达自己的任何观点，只是去观察别人的态度，在一旁听别人怎么说，这样也许会给自己带来意想不到的效果。

爱迪生发明了四重电报机之后，当时的大公司西方联合公司表示愿意购买他的这项新发明。可当时没有人知道这个东西到底值多少钱，更无人知道这个东西在未来究竟会发展成什么样子，以及它能够带来多少收益。爱迪生当时并不善于经商，他只知道自己发明了这么一个东西，有人肯买它而已，因为他自己都不知道这项发明的价值到底是多少。爱迪生的夫人建议说，如果他们能同意用两万美元来购买这项发明，我们就心满意足了。

“这太高了。”爱迪生说，对于妻子所说的价钱，他想都没敢想过。可既然夫人提出来了，不妨试一试，所以，爱迪生尽管觉得这样的要价实在有些高得离谱，还是鼓起勇气来到了西方联合公司。

西方联合公司热情地接待了他，并表示他可尽管提出条件来。当西方联合公司的代表询问爱迪生要价是多少时，爱迪生还是感觉自己想要说的两万美元的价格太高，羞于启齿，可是到底要多少他又拿不定主意，所以他只好保持沉默。

那位代表见爱迪生沉默不语，起初也是有些着急，见爱迪生没有说出价钱的意思，就只好自己提出了想法，并且表示公司愿意出十万美元买下爱迪生发明的四重电报机。爱迪生得知后大喜过望，立马签订了合同。

这个事例充分说明了沉默的好处。在关键时刻，沉默不失为一种取胜的智慧。在爱迪生身上，沉默为他多赢得了八万美元。

凡事都要深思熟虑，有的放矢，尽量避免冲突，随时告诫自己保持沉默。遇到不懂的事情或是自己不了解的事情，学会从容倾听，保持沉默。当你学会了沉默的法则，会发现世界变得更为宽广，自然不会与别人发生无谓的争执了。

“唐宋八大家”中的“三苏”是对后世影响深远的文学家，而他们的先人苏味道，是初唐政治家、文学家。苏味道9岁的时候就能写诗作文了，与李峤以文辞齐名，二人号称“苏李”。

武则天圣历年间，苏味道被武则天任命为凤阁侍郎，后来又被任命为宰相，三次连任宰相共达九年。

苏味道任宰相的那个时期，正值武则天执掌天下。虽然名义上是武则天在统治天下，但实际上，国家是由酷吏集团来统治的。武则天在任用酷吏实施特务统治期间，宰相被贬斥和被杀死的超过一半。因此苏味道在朝廷政务上并没有做出什么业绩，只是“一味阿谀圆滑于君臣之间，屈从附和，曲容于世而已”。

他常对人说："处理事情不要那么一清二楚，明明白白地表达自己的意见。否则一旦出现差错必然后悔，而且还会留下遭受处分和被谴责的后患。因此，凡事只要模棱两可就可以了。"因此他才被人称为"模棱宰相"。之所以要这样，是因为如果表明了自己的意见，很容易招致祸患。

苏味道身处如此险恶的政治环境，再加上身边有一群受主子驱使的疯狗，叫它们咬谁就咬谁，就更不敢与任何一方产生争执了。

那个时候朝中人士人人自危，哪怕见了面也不怎么交谈，甚至连招呼都不敢打。官员每日除了上朝就是在家中，绝对不敢在朝中久留。经常有一些官员会秘密遭逮捕，而后家中再也得不到消息。

因此官员们每次上朝，都要很严肃地与家人作别："不知复相见否？"两眼泪涟涟出门而去。所以，在那个顺我者昌、逆我者亡、杀戮成灾、人人自危的恐怖环境中，苏味道"模棱两可"的做法不能不说是上策。

而在现实生活中，某些时候和他人交往也必须要学会这种"模棱两可"之道。因为这样不但避免好多争执，以此拒绝别人无礼要求的时候也不至于得罪对方。

春秋时期，齐景公非常喜欢他的坐骑，并且派人精心饲养。但是，突然有一天那匹马暴死了。十分爱马的齐景公听说这事以后十分恼怒，立即叫人把马官杀掉。晏子当时在场，他料想正在气头上的景公一定听不进自己的劝谏，于是对景公说："您如果这样杀了他，他连自己的罪过都没有弄清呢！死都死不明白。我请求为您历数完了他的罪过，再杀他也不迟。"

景公不明白晏子的意图，答应了他。晏子走到马官面前，对他说："你为国君养马，却把国君的马给养死了，这是大罪，应当处死；你使国君因为爱马死掉而杀掉养马的人，这罪更大，你更是罪加一等；你使国君因为马被养死而杀掉养马的人的事，传遍了四邻诸侯，使国君蒙受不仁的名声，这简直就应该千刀万剐了。"

晏子这话，看起来像是针对养马的人所说，实际上却是在针对齐景公。齐景公听后立即放了养马之人。因为作为一国之君的他当然不愿因此事而损害了自己的声誉。

其实本来就是一件不值一提的事，齐景公竟如此暴怒，若不是晏子在场，那个马官恐怕真的就人头落地，而且死得不明不白。

说起避免争执，有人会说从自身出发，不要理会那些无聊的问题，然而，大多数时候争执是因为自己的锋芒或是因为自己的棱角而起。如果模棱两可、含糊其辞，实际上就是不直接用语言明确地表明自己的意思，别人也无法从你这里得到什么结论，更谈不上就一个问题而产生争执了。

除了这些，还需要有坦荡的心胸，如果平日里斤斤计较，没有容忍的雅量，也避免不了与人争执。因为只有怀着一颗包容的心，才能够容忍别人的错误，从而不与人起争执。

有一位美国钢琴家要在密歇根州的福林特城举办个人音乐会。当他到现场的时候，发现现场的观众特别少，还有一半的座位是空着的，这让他很失望。在演出前他打听了一下，原来是主办方所做的宣传力度不够，然而这位钢琴家不能因此和主办方争执，但是又赶不走失望的情绪。到了该上台的时候，这位钢琴家从容地走到舞台上对观众笑了笑，说："你们福林特的人真是太有钱了！"

观众们对钢琴家的话感到不解。

钢琴家又说："每个人都买了两个座位的票，你们买一个座位坐着，买一个座位空着，为此我要十分努力地为大家演奏，以报答大家！"

话音刚落，全场报以热烈的掌声。钢琴家明白与主办方争执已是枉然，索性不去计较，反而打破了尴尬的局面。

用坦然的态度面对一切，你就不会为了自己的某个观点和别人水火不容。热爱生活，时刻保持自信乐观，并且富有积极的进取精神，将精力和时间用来发展自身，而不是投入琐碎无聊的争执中，把自己的目光投向真切的生活，即使出现意想不到的情况，也要理智地处理。

如果动辄就与他人起冲突或是起争执，那么就会增加自己在人际交往中的不利因素和危机，凡是成大事者，无一例外的都是能够拒绝无聊争执的人。

找到属于自己的说话艺术

当谈话处于一种轻松愉快的气氛时，人们就会愿意与他人交谈，并且还会听从他人的意见，考虑他人的感受等。相反，如果他人感到你与他谈话的气氛十分紧张，他就会发自本能地树立起自我保护的意识，以至于进行相应的抵触。所以，在与他人谈话的时候，要尽量营造一种轻松愉快的气氛，使对方放松警惕，那么对方就处于一种愉悦的状态之中，这样他就会听从你的意见，从而达到你的目的。

在我们生活之中，不论是与谁交谈，都是在一定的气氛下进行的。当然，我们所说的放松并不代表放弃自己的目的。

说话艺术的最高境界就是：在看似轻松和愉悦的气氛中，还要紧紧抓住谈话的关键之处和对方的薄弱环节，直到对方同意自己所讲的话为止。

战国时期赵孝成王继位的时候，手中并没有实权，所有的实权都在赵太后手中。正是因为这样，才使秦国向赵国发起进攻想吞并赵国。

当时的形势是：秦国兵强马壮、军队气势如虹，个个都是强兵。而相比之下，赵国则显得十分弱小，当时已经有三座城池被秦国占领。

为了避免被秦国吞并，在这种岌岌可危的情况下，赵国只好请求齐国出兵援助。齐国思量再三，答应了赵国的请求，但齐国要求赵太后把小儿子长安君送到齐国做人质，然后才能发兵。

这样的条件对赵太后来说是难以接受的。因为赵太后最喜欢、最疼爱的儿子就是长安君。在此之前，她本人也早已按照自己的思路，给长安君安排好了前途。

但是现在为了救赵国，她却必须让长安君去别的国家做人质。经过长久的思想挣扎，想到了长安君会遭遇的种种危险，最终，作为一个母亲的赵太后拒绝了齐国的要求。

赵太后出于一己之私做出了这样的决定之后，赵国的文武大臣对于赵太后的决定极为不满。

秦国大兵压境，眼看着赵国快要失去招架之力，整个国家就处于朝不保夕的紧急关头，身为一国之主的赵太后却置国家安危于不顾，只知道顾及小儿子的安危，只念及母子私情，这样就失去了齐国的支援。国家都不保了，这一己之私还会保得住吗?

于是，众大臣轮流进谏，个个都慷慨陈词，苦口婆心地向赵太后陈说利害得失关系，都想要说服太后，以求借来齐国的救兵。

但是他们越是慷慨激昂，有理有据，赵太后就越是意志坚定，无论是谁来劝说，她都绝不松口。

以至于到了后来谁再提及此事，她马上将他拒之门外，并且对大臣们说：“如果有强谏此事的人，就别怪我老太婆不客气。”就这样，朝中大臣都束手无策。

正在众人为难之际，赵国德高望重的左师官触龙来了。

他之所以来，赵太后料想也是为了此事来劝谏自己的。本想不见他，触龙毕竟是几朝元老，曾经为朝廷立下大功，这样做很不妥当。

于是赵太后便气冲冲地等着他来进谏。触龙来到宫中，故意慢慢地走着，走到了太后跟前就向太后谢罪说：“我脚上有毛病，所以没能快步赶来。我都好久没见您了，您还好吗？我担心您贵体欠安，所以就想来见见您。”

赵太后道：“我平时只能靠车子才能行动，走路我是不行的了。”

触龙又问：“每日饮食没减少吧？睡眠还好吧？”

赵太后道：“就是吃点稀饭罢了，最近睡得不是很踏实。”

触龙说：“我最近也什么都不想吃，但还是勉强使自己散散步。这样每天走三四里路就会有饿的感觉，就会稍稍增加了一些食欲。饭吃好了，身体自然也就舒畅了些。”

赵太后说：“你看我这样，我是做不到啊！”

就这样交谈之中，赵太后的怒色稍稍地消了些，说话的态度也好转了很多。

于是触龙又接着说道："老臣的贱子舒祺年岁最小，虽然不能成个人才，但是我已经渐渐地衰老，我心里还是很疼爱他。于是我想了想，就希望他能进宫来充当一名卫士，来保卫王宫。所以我特地冒死来向您禀告，希望您能够成全。"

赵太后答道："好吧，他今年有多大了？"

触龙答道："15岁了。虽然他还小，但我却希望在我没死之前把他托付给您，这样我也就安心了。"

赵太后问道："男子也会爱怜小儿子吗？"

触龙答道："我非常地爱我的小儿子，比他的母亲还爱得厉害哩！"

赵太后答道："母亲都会格外疼爱小儿子的。"

触龙说："可我认为您对燕后的爱怜超过了对您小儿子长安君的爱怜。"

赵太后道："你可是说错了，长安君是我的最爱，我对燕后的爱远远赶不上对长安君啊！"

触龙说道："天下的父母都疼爱自己的孩子，但也必须为他考虑长远的利益和前程。开始您把燕后嫁出去的时候，就拉着她的手很是舍不得，为此您还为她哭泣，不愿让她走。一想到她嫁得那么远，您就会十分悲伤，说起那情景，当时您真是够伤心的了。后来燕后走了，您嘴上说不想念她，其实我知道您不是不想念她。在您祭祀时为她祝福，说：'千万别让她回来。’您这样做就是在为她考虑长远利益啊！您不是希望她有子孙能继续成为燕王吗？”

赵太后长叹了一口气，答道：“是这样的。”

触龙又说：“要说到从现在的赵王上推三代，直到赵氏一开始从大夫封为国君的这段时间，历代赵国国君的子孙受封为侯的人之中，直到现在他们的后嗣继承其封爵的，还有存在的人吗？”

赵太后想了想答道：“没有了。”

触龙又问：“是不是不仅赵国这样，其他的诸侯各国也都是这种情况呢？”

赵太后说道：“这倒还没听说过。”

触龙说道：“这也许就是所说的：近一点祸患落到自己的身上，远一点灾祸就会累及子孙身上吧！这些人君之子难道一定都不好吗？只是他们有至高无上的地位，但是对于国家来说却没有任何的功绩，他们还要拿优厚的俸禄，并且他们又持有许多珍宝异物。其实您对于长安君也一样，如果您把尊贵的地位、肥沃的土地、各种奇珍异宝封给他，倒不如趁现在的时机让他有功于国。您想啊，如果有朝一日您不在了，长安君凭什么在赵国立身呢？说实话，我就是觉得您为长安君考虑得太短浅了，所以认为您对他的爱还赶不上对燕后啊！”

赵太后答道：“好吧，我就任凭您派遣他吧。”

于是赵国为长安君准备好了车子，就让他到齐国做人质。齐国见到长安君后，也没有食言，于是派兵救赵国。最后齐赵联合，打退了秦军。

我们可以很清楚地看到，在众大臣义正词严、想方设法地想要说服赵太后的时候，正是处于君臣相互对峙的状态。当时的气氛非常紧张，在这样的气氛之下，赵太后一定会自然而然地产生抵触情绪。

而触龙的做法就恰恰相反，他的说服艺术最为明显的特点就是与赵太后的谈话一直处于愉快的气氛之中，还努力寻找和赵太后之间的共同点。这样就会解除赵太后的戒备心理。

还有一个重点就是触龙的寒暄从表面上看似漫不经心，而实际上却没有偏离主题。他一直都紧紧地抓住了主题的要害，还说出既然赵太后疼爱长安君，就不应该只考虑他的眼前利益，应该从他的长远利益加以考虑。

触龙与赵太后在这样和谐的气氛中谈话，说话又入情入理，赵太后自然就会被说服。触龙最终达到了目的，使得赵太后听取了自己的意见，最终保全了赵国。

其实，我们在与人交谈的同时，要学会这种讲话的技巧。学会了这种讲话的技巧，就会在与人交际的时候，不会与对方发生不必要的矛盾。在这样的交际之中既能达到你说话的目的，还让对方愉快地接受。

反驳他人，委婉前行

对于他人的请求或者观点，我们都很难去反驳，因为这样会伤及感情。所谓做人留一面，日后好相见。只有做到充满人情味的反驳，才会令对方接受，而且不会损失友谊。想要做到人情味，最关键的一点就是需要尽可能委婉。

我们都知道，无论什么样的人，无论从事什么样的行业，其实心中的底线都一样，都喜欢他人谦让自己。对于自己所喜欢的事情，也希望别人能够支持。

我们都不喜欢他人阻拦或者对自己的行为横加指责。如果能领会到这个道理，那么无论是为人处世，还是待人接物，必定会使自己有很大改进。这也是“活法”中很重要的一点，只有学会这些，才能使自己在与人交往的过程中受到别人的尊重。这就是我们所说的：“讲话要有人情味。”

有一家夜总会，在新开业的时候，老板的一个乐师朋友便找上门来，和老板寒暄了很久。从他的话中老板听出，原来他是想要当夜总会乐师，只是没有明说而已。

老板当然明白他的意思。虽然夜总会刚开业人手不足，的确需要乐师，但是这位乐师的水平并不高，达不到被聘用的条件。老板以前曾经受到过这位朋友的照顾，即便如此，为了公司的利益也不能聘用他来当乐师，可是又不好断然加以拒绝。

心中正为难之际，老板忽然想出一个好办法，他先和这位朋友说了些笑话，然后就一本正经地说："虽然我这个夜总会刚开业，但我相信有你的加入，夜总会的生意一定会更加兴隆。在这里，我真心诚意地邀请你屈身来我的夜总会当乐师。"

见到老板这样诚恳地邀请自己，这位乐师当然十分高兴，于是向老板露出一个笑脸。看到这个笑脸，老板就抓住机会板起面孔说："你觉得有什么地方好笑？是不是看我们夜总会的档次不高，不符合你的身份，让你这样看扁我？既然这样的话，那么就当我刚才的话没有说，这次协议也就不用再提，再见！"说着，老板就假装非常恼怒，请他的这位乐师朋友离开。就这样，这位乐师就因为自己的一个笑脸而离开了。

夜总会老板在不好拒绝以前曾经帮助过自己的乐师的情况之下，想出了一个妙计，就是趁乐师高兴的时候，出其不意地下逐客令，在对方没有心理准备的前提下，先把对方拔高，让对方看到希望。这样的话自然比说他不符合要求更加有效，也不会伤及对方的感情。也许你会认为这样做仍不是最好的办法，但是至少要比硬生生地拒绝对方，直接下逐客令要好很多。

当你下班吃过晚饭之后，就希望能静下心来看看书或看电视，也就是你需要安静的时候，事情往往不如人意，总有些不请自来的人来打扰你的清静。他们不会顾及你在做什么，对于他们来说，来到你家里就是客人，他可能会絮絮叨叨，没完没了，给你讲述他们所感兴趣的事情。即使你心不在焉，他们也会一再重复。

这时候你会很烦，但是碍于情面需要勉强敷衍，想下逐客令却又担心伤害对方感情。所以你就经常这样委屈自己，听着你并不感兴趣的话，而你的时间就会被别人这样无情地浪费掉。

还有一种情况是对方登门拜访，有事情希望你能帮忙，可是你会出于各种情况的考虑不能答应人家，但也不能直接拒绝，当然更不能直接把他轰出门外置之不理。在这样的情况下，就需要运用说话的艺术，将逐客令下得充满人情味。

在一个普通的小镇上，有这样一个不幸的小女孩，在4岁那年便患上了脑性麻痹征。从此，她可爱的模样也随着病情的恶化变得十分丑陋。就在这个时候，脑性麻痹征的其他症状也一一表现出来。比如，小女孩已经开始失去肢体平衡的能力，走路常常会摔跤；手脚常常会不自觉地乱动，丝毫不受控制；经常念叨一些模糊的词语。这些症状让家人十分担心，带她去看了许多医生。

不久后，县里一个负有名望的医生对她进行诊断时说：“病情恶化相当严重，她最多只能活6年。”

小女孩知道后立即哭了起来，她无法面对这样的现实，她还不想离开这个世界。母亲擦了擦眼泪，安慰道：“傻孩子，生命都握在自己手里，如果你不想交给别人，那么，谁也无法剥夺。”

小女孩听后立即停止了哭泣，疑惑地问母亲：“这是真的吗？”母亲抚摸着小女孩的脸庞，笑着说：“妈妈当然不会骗你啊。”

忧郁了一段时间后，小女孩从阴影中走了出来，她决定乐观地对待眼前发生的一切。6年过后，她并没有离开人世，而且病情也得到了好转。这让她更加坚信，生命掌握在自己手

中，只要珍惜生命，就可以一直拥有它。

后来，她克服了语言表达能力障碍以及身体上的不适，出乎意料地考上了美国著名的加利福尼亚大学，并取得了博士学位。这让家里人都不敢相信，不过还是对这个天大的喜讯流露出惊喜之情。

这个消息传播开来，一时间，小镇里到处都是讨论她的声音，觉得她是一个了不起的女孩。

不过，世间的万物都是一把双刃剑。赞赏声音的背后，永远存在敌视的目光。

在一次讲演会上，有位学生贸然地问了她这样一个问题：“你从小就长成这样，难道你没有自卑过吗？你会不会抱怨上帝的不公呢？”

这是一个极其不懂礼貌的学生，就算周围的人表现出责怪的眼神，他也没有因为自己的粗鲁感到愧疚。

所有的人都认为，她一定会大发雷霆，训斥眼前这个不知天高地厚的学生，以此来维护自己作为讲师的尊严。

不过，她并没有这样做，而是安静地背过身，淡定从容地在黑板上写下几行字。

“我很可爱，很多人都这么认为。”“我的腿其实很长很美。”“爸爸妈妈很爱很爱我，我有一个幸福的家。”“我不仅会作画，还会写文章，总是能取得不错的成绩。”“我拥有一只很可爱的猫。”

在这些字的最后，她还加上了这么一句话：“我只看我拥有的，不看我所没有的。”

那个不懂礼貌的学生认真地看完了她写的话，脸色由刚开始的毫不在乎变得深沉。所有人都发觉他脸红了。会后，这位学生专程向她致歉。她微笑地回答：“没关系，如果你被生活绊倒了，那么爬起来，你会发现，你拥有的其实很多很多。”

看完这则故事，很多人都会说这位老师很坚强，但我们这里要说的是她的反驳技巧，面对学生的质疑，她并没有选择发怒，而是通过写字这种委婉的方式表达自己的反驳，可谓智者。

本田汽车已成为现代人最常用的交通工具之一。本田宗一郎是日本著名企业家，他就是本田汽车的创始人。

有一次，一位名叫金六郎的青年来拜访本田宗一郎，金六郎来的目的就是想把一块地产卖给本田宗一郎。但是本田宗一郎对他所说的并不感兴趣，本田宗一郎听完金六郎的陈述之后，也没有回答他是否要买地，只是在他的桌上拿起一些看上去很像纤维的东西给金六郎看。

这就使金六郎非常困惑。这时本田宗一郎就指着自己所拿起来的东西问他说：“你知道这是什么吗？”

“不知道。”金六郎摇摇头，诚实地回答他。

“这是一种新发现的材料。我想用它来做本田汽车的外壳。”本田宗一郎向金六郎详细地讲述了一遍，他好像很有兴致，还向金六郎讲述了它的特点和性质，甚至还讲了他明年打算采取何种新的计划……金六郎迷惑地听着他讲述这些，但是这些内容让金六郎摸不着头脑。

金六郎一直想说自己来的目的，可是他却没有机会打断本田宗一郎的讲话。直到最后，金六郎终于明白本田宗一郎给自己讲述这些的目的了，其实本田宗一郎对他的土地并没有多大兴趣，于是只得告辞。

如果本田宗一郎一开始就把自己的想法告诉金六郎，告诉他自己对他的土地并不感兴趣，那么按照业务员的本性，他就可能纠缠着你，一定会问个究竟，或是说一些寒暄之类的话，甚至会想方设法劝说本田宗一郎，让他买下这块地才会罢休。而本田宗一郎却给他讲述自己所感兴趣的事，这样，本田宗一郎就避免了直接下逐客令的做法。

生活之中我们总是避免不了求人或是被人求的情况。在别人求你的时候，你可能有什么难言之隐，不能按照对方请求的那样去帮助别人。但是出于经常打交道或是面子上的问题，不好直接把对方赶走，这时就需要学会这种有人情味的说话方式，让对方自己走掉。这样你就不会落下一个被人骂或是让别人说你坏话的借口了。

其实我们拒绝别人或被别人拒绝时总感觉话说不出口，这时候就需要讲话有人情味，也就是说我们在讲话的时候要做到：语言得体、委婉，用晓之以理、动之以情的方式，这样才能得到别人的尊重。

有句话叫作“人情难却”，这是指对于别人的请求或要求，自己不好意思开口拒绝，认为这是一件比较困难的事情。

也许，你并不愿意答应别人的请求或要求，但是往往因为不好意思拒绝别人又答应了。就像本来周末是不加班的，但是老板却说有点忙，要你来加班，你自己心里其实不愿意，但就是不好意思当面拒绝你的老板，于是你就答应下来。或者你下班时就想回家好好休息一下，但是你的朋友又要你陪他去买点东西，于是你就硬着头皮去了。

为什么在你想说“不”的时候又说不出口呢？也许原因是怕被人误会而失去友谊吧！但是我们没有必要害怕这些，不会因为你拒绝你朋友的请求就会失去这个朋友。如果这种事情真的发生了，那也不是你的错，而是这样的友谊本来就有问题。但是为了避免这样不高兴的事情发生，我们就更应该做到讲话充满人情味。

某公司要解雇一个人，可是在这样的情况之下，无论他的工作能力如何，公司都很为难，不知道该怎么告诉对方。

依照惯例，就会这样对他说：“某某先生，情况是这样的，现在销售旺季已经过了，我们公司也不需要这么多的人，所以，你的工作也就告一段落，你还是到别处去看看吧！当初我们就说好的，这种工作是短期的，所以……”

对方一听到这类话，就会受到很大的打击，犹如晴天霹雳，自己就这样被公司给开除了？同时也会觉得这公司一点儿人情味也没有，用人的时候就会讨好自己，不用人的时候就把自己一脚踢开，会使员工痛恨公司，甚至做出对公司不利的事情来。

另一家公司在解雇员工的时候就会说：“某某先生，我们很佩服您的工作态度和办事能力。您在公司的成绩也很出色，您的到来使本公司深以为荣，谢谢您这段时间对公司做出的努力。您有这样的实力，我相信您不论到哪儿工作，一定都没问题。本公司还希望以后若有用到您的地方，还请您不要忘记本公司。”

同样是解雇一个人，但是后者的解雇方式绝对会比前者的解雇方式要好。这样对方就不会有被抛弃的感觉，并且还会对你说的话感到欣慰。事情既得到了圆满的解决，又使对方能够接受你的意见；同时还为公司留下了退路，不会让对方破坏公司的形象，为公司以后的发展创下了良好的口碑。其实这样做也是对公司的一种宣传，真可谓是说话的艺术到了相当不错的水平。

我们在人际交往中，当某件事用一种方法去处理不妥时，不妨改变一下策略，也许能收到比较好的效果。保全对方的面子是十分重要的——许多人顺着自己的感情，不顾他人的尊严，结果闹得不可收拾。这种教训谁都有过。当你责骂属下或孩子的时候，别忘了看看有没有旁人在场，然后退一步替当事人想想，多说几句体谅的话，效果往往会更好。

谨慎，一种不可丢弃的品质

人生如棋局，如果走错一步，就有被打败的可能。因此，想要在人生的路上走得顺畅，就得保证自己少犯错误，尽量做到完美。当然，绝对的完美是不存在的，世界上没有最好，只有更好。所以，无论在什么行业，我们都要尽善尽美。此外，想要打败对手最有利的时机，就是在对手犯错的时候。

竞争激烈的今天，无论你从事什么行业，在竞争中即便只出现一次失误，也许都要面对失败的命运，说不是还很难有反败为胜的机会。因此不管你要发展什么事业，必须以能“生存”作为前提。

韩国棋手李昌镐曾说：“人生如同棋局，你的布局越华丽就越容易遭到对手攻击。因此，在生活中少犯错误的人更容易成功。”

李昌镐的棋风是属于“自己不出错，耐心等待对方出错”

的风格，这种不露锋芒的“朴实”棋风对我们的人生有着重要的借鉴意义。通过一些比赛我们可以看出，即使面对实力有差距的对手，李昌镐也绝不轻易行动，仍然是耐心地观察对方的行棋，绝不会因为对手能力不足而放松警惕，只等对方出现错误。

这种思路与我国古代军事家所说的“先为己之不胜，以待敌之可胜”一脉相承，直白一点说，这种思想体现的道理就是“只有活着才会有机会”。

对最终获得成功的“职场高手”来说，其实胜利的过程并不重要，最重要的是结果。

结果是失败，过程的成功就等于“0”。因此要想成功，追求的不应该是完美的过程，而是胜利的结果。

想获得胜利你就要少犯错误，如果在自身没有把握的情况下贸然行动，只能暴露自身的弱点，让对方更容易击败你。

老子的名言“不敢为天下先”说的就是这个道理。他认为，海洋之大、山谷之高，大家平时不怎么注意，只有试图征服它们时，才知道它们的力量有多么强大。所以说，要想获得最后的成功，不是要做领头羊，而应该走在自己对手的后面。这样对手所走的每一步，你才可以看得清楚，才知道自己应在什么时间、什么地方及用什么方法赶上甚至超越他。

司马懿一直和曹爽明争暗斗，两方面都有数量大致相等的支持者，而且不乏军事将领，因此谁也不敢先于对手发起攻击。

一天司马懿的儿子忽然对皇帝说，自己的父亲严重中风，生命已经危在旦夕。

曹爽当然不相信，派人到司马懿家里去查看。谁知这个人是司马懿派去卧底的奸细，回来后对曹爽说，司马懿的确是奄奄一息，眼看就要死了。

曹爽糊里糊涂信了这个报告，放心地率领一干手下出京去祭祖。

等曹爽一离开京城，司马懿的病就立刻“痊愈”了。他先是命令自己的手下封锁了各个城门，然后进宫逼迫皇帝写下了罢黜曹爽的圣旨。曹爽听到消息后，率部队杀回京城，可京城已被司马氏父子控制，他根本就进不了城，而且由于自己是皇室宗亲，不敢公然违抗圣旨，只好束手就擒。

想要获得最后的成功，要把对手的每一步都看清楚，找准对手犯错或者大意的时候，果断出击，赢得胜利的果实。

此外，还有四个关键点需要我们去注意。

一是保存实力。

从起步到成功不但是个艰辛的过程，还是一个漫长的过程。刘邦即使在实力已与项羽相差不远的情况下，仍然用了五年的时间才彻底击败项羽。孙膑被庞涓陷害也是通过一年多的痛苦折磨才终告解脱。司马懿更是用了几乎一辈子的时间才登上权力的巅峰。因此，在可以生存下去的前提下，没有必要把自己的实力全部展现出来。

在自己没有能力赢得人生的时候，把事情做得稳妥、让大家满意就可以了，没有必要“毕其功于一役”。“就事论事”展示自己一部分能力后，要把更多的实力保存起来，在自己的内心深处继续巩固、完善，直到机会真正到来的那一刻，再全力出手也不迟，这才是赢得人生的王道。

二是积攒人气。

无论竞争对手是谁，从来都不“单兵”作战。他们往往会利用“群众基础”作为攻击的手段；因此，要想“活”下去，不能完全依靠自己的能力，一定要获得相当数量的支持，这样才能避免使自己最终成为“孤家寡人”。若自己连个隐蔽的“地点”都没有了，就别说什么防守和反击了。

三是善于诱导。

成功者往往都善于释放“错误信号”。历来取得成就的人士都有一段相当“糗”的历史。他们本来有能力把这些不光彩的事件都抹去，为什么还能流传到今天呢？那些糗事其实都是他们释放出的错误信息，使自己具有亲切感，这样才能获得更多、更广的拥护，因此他们在成功后才并不介意这些东西的存在。

落实到我们自己身上呢？就是不要事事都显得自己聪明，应该让别人，尤其是对手或同行看到自己身上许多不如人的地方。当然不应该把自己真正的弱点拿出来。所以，当有意表现自己弱点时，一定要了解对方希望你有什么样的弱点，这样你释放出的“信号”才具有“扰敌”的效果。

四是把握节奏。

所有比赛都是分时段的，人生何尝不是如此？目标虽然不远，但要如愿达到，毕竟还有几步路要走。因此不要急于求成。要学会观察对手之外存在的客观情况，这样才能综合所有信息做出最明智的判断，从而选择更适当的方式解决问题。要记住，自己面前的毕竟不是高山，不是大海，而是各种人、各种心态杂糅出的一种复杂的人际关系。因此，最终要解决的，还是人的问题。

是人就会有情绪的变化，人的情绪发生变化，事情的发展自然也就发生变化。如果当事人急躁，那么事件的进程必然出现混乱；而当事人冷静，事件的进程自然就运行平稳。所以，理应始终针对的是人在事务中的动态，只要捕捉到这种动态，就捕捉到了必胜的机会。

因此，不要把自己永远设定在一种状态中。一旦拘泥于一种状态，那么不是错失机会就是轻率出击。因为对于想要赢得全部人生的人来说，除去最终的胜利，其他都是没有意义可言的。

这四条法则告诉我们，“活着”本身就是一种随时改变的状态，之所以要尽可能减少错误甚至不犯错误，就是为了使自己适应这种随时改变的状态。这样才能做到“以不变应万变”，不变的是自己坚定的信念和冷静的思维，只要能够坚持，那么不管情况如何变化，自己都能通过上述的法则找到应对的方法。

不要做一个“愚笨”的员工

老板之所以能成为公司的老大，自然有他的过人之处。也许他在专业上不那么精通，但他照样能把公司经营得好好的。所以，千万不要去挑战老板的智商，这相当于自讨苦吃。

对于约翰来说，学校毕业后想要找到一份好的差事并不难。一来，约翰长得十分英俊，走在大街上总能受到异性的青睐。再者，热情开朗的约翰无论到哪儿总是有一股无形的感染力，能够获得他人的好感。由于他很了解自己，于是他决定找一份能发挥自己长处的工作。几天后，他在报纸上看到一家五星级宾馆正在招人，还是招接待人员，觉得自己很符合要求。约翰知道机会来了，为此，在面试的前几天，他好好地准备了一番。

第二天去参加面试的约翰有种志在必得的感觉，他早早地来到了那家宾馆等待面试，希望给主持面试的经理一个好的印象。果然，接待他的经理对约翰提前等候十分满意，除此之外，经理还无比欣赏约翰俊朗的外表以及富有感染力的热情。为此，经理私下跟他说只要其他几个关键指标也符合，便立即录用他。

自信满满的约翰连连点头，到现在为此，他都对自己的表现相当满意。随后，接待经理坐到约翰对面，面带微笑地说："你也知道我们这儿的情况，主要的顾客都是外宾。因此，要想在我们这里工作，有一个十分硬性的要求，就是会四门除本国以外的语言。我想你应该没问题吧？"

听到这里，约翰思索了一会儿，随后给出了这样一个回答："也许您不知道，我大学的专业就是英语，不仅如此，我还精通日语、阿拉伯语、印度语、俄语。还有，我的外语成绩都名列前茅，经常代替学校参加各类外语竞赛。"说完，约翰给了经理一个微笑。

不难想到，这些都是约翰胡编乱造的，他不仅不会四国外语，而且就连本身的英语专业的成绩也是勉勉强强。但为了让经理对自己产生信赖，约翰不得不吹嘘一下。

显然，约翰低估了经理的智商，只见经理轻蔑地干笑了声："哦，还有吗？"

约翰以为经理觉得自己不够优秀，赶紧补充道："我也经常出国旅游，与外国人交往甚多，有十分丰富的经验，还有……"经理打断道："你真的能胜任我们的工作吗？"约翰以为编造国外经验还无法打动经理，只好豁出去，继续兴致勃勃地说道："虽然毕业了，我们母校还经常让我回去演讲，教新生如何学好外语呢。”

“就此打住吧。”经理站了起来，脸色十分难看，他放下手中的简历接着说，“对不起，你今天的表现太让我失望了，因为你撒谎，把我当成傻瓜。事实上，我们对你在学校的表现做过调查，你的专业英语成绩并不优秀，平均分不过65分，而你所说的4门外语，其中有几门还补考了3次，最后我想告诉你的是，看清楚你自己的模样，永远不要把别人当傻子。”

上面这则面试的情况，相信在许多毕业生中都出现过，为了赢取好感，拼命地瞎编乱造，甚至夸夸其谈。这些，其实都是把对方看作笨蛋，而以为自己是聪明人。事实呢，愚人不成，最后自己却掉入了他人设计好的圈套中，待明白时，悔不当初。

美国一家大型动物园招聘金牌饲养员，一位富有爱心的小伙子前去应聘。他很快就得到了动物管理员的赏识，并让他明天来上班。

初来乍到，园方安排一位老饲养员带他。老饲养员是个很严肃的老头，不苟言笑，这让新饲养员很紧张。随后，老饲养员给他上第一堂课。

这节课的主要内容是教怎么喂养河马，讲了一大堆的理论之后，老饲养员重复讲了两遍这样一句话：“不能给河马喂过多的食物，不用担心它会饿着，否则它会长不大。”

新饲养员对于那些理论知识早已烂熟于心，为了应聘这个金牌饲养员的职位，他早已做足了功课。但当说到不要给河马喂太多的食物时，怎么也想不通。根据他的经验，想让动物长大，就必须给它充足的食物，让它无忧无虑。

第二天，新饲养员开始了他的河马饲养生涯。刚开始进展得很顺利，他每天都给河马喂充足的食物，甚至在河马的周围还摆满了新的食物。周围旅游的人们看到这位新饲养员如此悉心照料河马，觉得他十分有爱心，纷纷和他拍照留念。

与此同时，老饲养员也开始饲养一只差不多大小的河马。这样一来，两个人基本上是在同一起跑线上。为了超过这位有几十年饲养动物经验的老饲养员，新饲养员心里暗暗较劲，加大了对河马的饲养力度，每天给河马喂更多的食物，连晚上也要专程给它喂两到三次的食物。

半个月下来，新饲养员的河马明显长大了许多，动物园里其他饲养员都对他刮目相看。而相比之下，老饲养员的做法与他恰恰相反，不仅喂的次数少，而且喂食的量也很少，似乎有意让河马挨饿，那只河马现在看起来明显比新饲养员喂食的那只瘦弱许多。

新饲养员为此有些得意扬扬，他认为老饲养员的喂食太不人道了，多次建议他喂多点。不过，老饲养员只是笑笑，并没有采纳他的意见。

转眼，两个月过去了。事情朝着意想不到的方向发展。新饲养员发现，自己喂食的河马一个多月以来几乎没有长大，而老饲养员喂食的那只河马，居然奇迹般长得飞快。

新饲养员不服气，他找到老饲养员说："这肯定是两只河马自身素质的差异，我这只河马只能长这么大了。"

话说到这个份上，老饲养员并没有生气，反而愿意用自己的大河马和新饲养员的小河马换着喂养。

新饲养员采取了原来的套路，拼命地给大河马喂食。不久，他惊讶地发现，老饲养员喂养的那只小河马居然超过了他喂养的河马。顿时，他陷入了困惑之中。

这时，老饲养员才把秘诀说了出来："你拼命地给河马喂食物，只会让它觉得食物唾手可得，因而不珍惜食物，不会好好吃食。而我喂养的这只，在食物缺乏中过得久了，自然明白食物的珍贵，因此，它十分珍惜所获得的食物，才长得如此飞快。"

里面的老饲养员就相当于老板，年轻饲养员就相当于稚嫩的员工。在生活中，我们常常觉得老板无所事事，根本就没什么真本领，于是有的员工暗暗想与之一较高下。

实际上，老板可谓足智多谋，他们熟知事物的发展规律，而不是事物本身，就好比故事里的老饲养员，知道如何喂河马一样。因此，大多数时候老板靠的是以智取胜。

是的，在这个世界上，没有"笨"老板，只有"蠢"员工，永远不要想着去糊弄老板，因为他们往往比你更加精明，懂得大智若愚，懂得各种技巧，在精明的老板面前，员工只是小巫见大巫。

表情是心灵的密码

表情和眼睛一样，是心灵的窗户。想要看穿一个人，留意表情也是一种很不错的方法。

有这样一个故事，讲的是一个很努力的年轻人。他不仅很勤奋，而且天赋也很高，不过每次离成功都只差那么一点点。失败已经开始让他感到绝望，甚至有了放弃的想法。

他无精打采地在街上行走，乌云压得很低，阴沉沉的，好像他此刻的心情。

“啊！”他突然撞到路灯，条件反射向后退了两步，疼痛让他不停地用手揉着头颅被撞的地方。

笑声从远处传来，循着声音，年轻人发现镇上的智者正在笑他。于是他走上前去，对智者说：“为什么我总是那么倒霉？不仅如此，为什么成功总是与我无缘？”显然，他是希望智者能给他一些指点。

智者思考了会儿，然后对他说：“你跟我来。”

年轻人不知道智者想做什么，但觉得他是镇上最有智慧的人物，肯定能够指点一二，于是跟在智者身后。

智者停在一个卖芝麻的摊前，回过头对年轻人说："你先买一斤黑芝麻、一斤白芝麻。"年轻人虽然好奇，但看着智者一脸严肃的样子，不像是在耍他，就按着智者的意思做了。

"老板，来一斤黑芝麻、一斤白芝麻。"

"好嘞。"老板手脚麻利，很快就弄好了。

付完钱，智者和年轻人走到路旁。"答案到底是什么啊？"年轻人有些不耐烦。智者没有理睬他，而是从年轻人手中拿过白芝麻和黑芝麻，把两个袋子里的芝麻混在一个袋子里。

"给你半个小时，把它们分开，我自然会告诉你为什么得不到成功。"

年轻人刚开始还兴致勃勃，一颗一颗的拣，过了10分钟，开始没耐心，觉得半个小时肯定完成不了，速度越来越慢。终于，20分钟的时候，年轻人放弃了，流露出不耐烦的表情。

“这也太费劲了，你别让我分什么芝麻，请你直接告诉我答案吧。”

智者听后微微一笑：“其实答案我已经告诉你了，成功就像是要把这黑白芝麻分开。光努力不行，你得从细处入手、掌握方法。但光有努力和方法也不行，还要有耐心，只有坚持下去才会成功。你正是缺少这种耐心啊！”

年轻人听后恍然大悟，想到每次都是因为没有耐心，在差点成功的时候就放弃了，深感后悔。于是他决定听智者的话，从此以后对任何事情都有耐心，要坚持下去，不让自己刚开始的努力白费。

年轻人谢过智者，又开始了自己的追求。几年后，他终于获得了成功。

从年轻人分芝麻不耐烦的表情中，智者轻易地看出了年轻人缺少耐心，可见，表情可以让人看出一个人的优点和缺点。

生活中，若想知道他人所想，就从留意表情开始，毕竟，人在心情发生变化的时候，会有不一样的表情，值得我们参考。

让快乐驻扎在你的心间

快乐是件很简单的事情，但许多人都不快乐。是的，现在这个时代束缚了许多人的快乐，他们大多数沉浸在物质的世界中不能自拔。车贷、房贷已经快把他们瘦弱的身板压弯了，哪里还有快乐。事实上，快乐并不意味着财富，而是一种心态。

你快乐吗？马克·吐温曾说："快乐是健康，忧郁是疾病。"

快乐其实很简单，但快乐的人并不多，这是当前十分普遍的一种现象。生活的压力、工作的压力、社会的压力，像一座座大山压在我们身上，令我们无法喘息。

也许有人会说："现在还得还房贷、车贷，为工作担忧，有时还得处理复杂的人际关系，甚至连饭都吃不饱，怎么可能会快乐呢？"这个理由听起来似乎很容易让人接受，因此，越来越多的人都觉得不快乐是件理所当然的事情。

蒙田曾说：“生活乐趣的大小是随我们对生活的关心程度而定的。”这句智者的感悟，令我们不得不思索这样一个问题，你真的关心过生活吗？分享这样一则颇有寓意的哲理小故事。

从前，河边住着一个渔夫，靠捕鱼为生。为了生计，他不得不从早忙到晚，但这丝毫不影响他的心情。平常见到他时，他总是笑呵呵的。他干活的时候，总是一个人欢快地歌唱，好像没有烦恼一样。很多人在心情沮丧的时候都去找他，他总是能用乐观的话让来者重新找到快乐。周围的人互相谈论着这个快乐的渔夫，很快这事就传到了国王的耳中。这个神秘的渔夫竟然如此的快乐，这让国王都有点不相信了，于是他想要会会这个乐观的渔夫，让渔夫告诉自己快乐的秘密。赶了一段路，国王终于走进了渔夫破烂的家，所谓家，不过是一些木头和草支撑的茅屋。刚进入渔夫家的国王发现渔夫正在快乐地唱着歌：“我很快乐，我不羡慕任何人，我要多快乐就有多快乐。”

国王打断了他，说道：“我的朋友，如果我能和你一样无忧无虑的话，我愿意把国王的位置让给你。”

渔夫愣了下，连忙鞠了个躬，微笑地对国王说：“国王陛下，我肯定不会和你调换位置。”

国王有些心急，但并没有继续问为什么，而是想要知道快乐的秘密。国王问道：“那么，你现在告诉我，你为何处在这样的环境中仍然如此开心、快活呢？你知道，虽然我贵为国王，却整天忧心忡忡，差不多要忘掉什么是快乐了。”

渔夫回道：“国王陛下，我不知道您为何不快乐，但我可以告诉您我为什么快乐。草屋外面有条河，可以让我捕到足够的鱼养家糊口；我爱我的孩子和妻子，我有一群可爱的朋友，在困难的时候，我们会互帮互助；我不欠任何人钱，我每天陪着孩子唱着歌，心满意足地生活。”

听到这里，国王再次打断了渔夫的话，“我的朋友，我很羡慕你，你的衣服看起来又脏又丑陋，但比我头顶上的金冠还值钱。那条河给你带来的，比整个王国带给我的还要多。我终于明白你为什么快乐了。”

是啊，快乐并不在于你有多少财富，或者多么位高权重，而在于你是否热爱自己的生活。快乐其实很简单，热爱自己身边的人，热爱自己的生活方式，为自己的工作和梦想默默努力，内心怎么会不快乐呢?

还有另外一个故事。珍妮刚上小学二年级，一直以来，她都对自己的容貌不满意。因此，她常常低着头走路，生怕别人看到她丑陋的脸。

一天，珍妮放学回家，跑到镜子面前看自己的脸，想看看自己是不是真的那么丑。还没抬起头，她便又从镜子面前跑开了，她害怕去面对这些，而之所以会如此害怕，是因为同桌的小男孩经常叫她“丑八怪”。

“珍妮，你在干吗？”母亲看到珍妮慌慌张张的样子，很好奇。

“我……”珍妮支支吾吾了半天，没说出来。本来她还想问母亲，我真的很丑吗？

“对了，珍妮，你把这篮子水果给外祖母送去。我现在要去加班。”母亲交代完便离开了。

外祖母家离得并不远，母亲在外面工作忙，常常让珍妮去送些水果和甜点之类的食物。

珍妮像往常一样出发了，她提着篮子，欢快地向外祖母家跑去。当有人在的时候，她赶紧放慢脚步，低着头从一旁默默地走过。

路过一个饰物店的时候，她看到一个绿色蝴蝶结，觉得特别漂亮，于是被吸引过去。“老板，这个绿色蝴蝶结多少钱？”珍妮走过去，拿在手上比画着，并没有戴在头上。老板是个笑容可掬的中年男子，他很奇怪地看着珍妮，一般来说，小女孩应该早就把蝴蝶结戴在头上看自己美不美了。“很便宜，要不你戴上看看。”老板怂恿道。

珍妮戴好后，鼓起勇气抬头看了看老板。老板赞美道：“小女孩，你戴蝴蝶结真好看。”这让珍妮又开心又难受，因为她想，老板之所以不停地赞美她，肯定是希望她买下这个蝴蝶结。或者，这只是安慰她。

珍妮戴着蝴蝶结到了外祖母家。外祖母笑着对她说：“珍妮，你今天好美啊，这个蝴蝶结好配你。”珍妮半信半疑地把头抬了起来，自言自语道：“有吗？”“当然啊，傻丫头，你看，你的模样多么俊俏啊。”祖母继续赞美道。

这让珍妮有些不好意思了，因为她很少听到别人这么赞美她。她觉得外祖母是不会骗她的，不过当她想到学校那些人看她另类的目光，心瞬间又凉了半截。

一直以来，她都对自己的长相不自信，完全不会因为老板和外祖母的几句话，就相信自己真的很美。

第二天，珍妮戴着绿色蝴蝶结去学校，在路上，她一直保持着抬头的姿势，她想改变别人对她的看法。不过，当到了学校门口，珍妮又不受控制地把头低了下来。

快到班级门口的时候，珍妮发现自己撞上了一个软绵绵的东西，居然是自己的老师。“啊！”珍妮惊吓地看着老师，说不出话来。

“嗨，珍妮，你昂起头来好美！”老师忍不住爱抚地拍着她的肩膀。

接着，整整一天，珍妮得到了许多人的赞美，她想这肯定是绿色蝴蝶结的功劳，于是她用手摸了摸头上的蝴蝶结，发现蝴蝶结不见了。她不知道，蝴蝶结早已在早上上学的时候掉在了路上。

太在意外表总是会失去许多本应该享有的快乐，我们的外貌是上天给我们的最好的礼物，喜欢它，珍惜它，平凡的外表拥有自信也是一种美丽。

有这样一对很恩爱的夫妻，丈夫很有生意头脑，在市区开了一家小公司，经营得很好，家里变得十分富裕。丈夫为了让他的事业再上一层楼，不得不没日没夜地忙碌，基本吃睡都在公司，难得才回趟家。小女儿自从考上外地的大学，只有寒暑假才回家；至于大儿子，那更不用提了，他在国外找了份不错的工作，每年才回来一次。

这样一来，作为家庭主妇的妻子突然感觉闲得慌，整天不知道干什么，觉得自己一点都不快乐。

在外工作的丈夫看在眼里，知道妻子闷闷不乐是因为没事可做，于是他建议妻子多出去走走，找朋友聊聊天、打打牌、逛逛街，这样肯定能开心起来。是啊，以前为了孩子从来没有时间出去玩，连逛街都是为儿女买东西，很少精心为自己挑件礼物，妻子想了想，决定按丈夫说的做。

第二天，丈夫早早地上班去了，妻子睡了一个大懒觉，随后，特意化了妆，叫上了几个好朋友，约好一起去逛街吃饭。

一连好几天，妻子都是这么做，果然，她重新找到了快乐，以前心里的小梦想全部都实现了。和几个好朋友聊聊八卦、逛逛街、吃吃饭，之后一起坐在客厅打牌，这样的日子安逸而舒适，她很喜欢。

但只过了一个礼拜，她发现自己厌倦了这种毫无生机的生活，对于这些事情再也提不起兴趣来，于是，她又觉得自己不开心了。妻子再次闷闷不乐地待在家里，不过这几天，她想了好多，想到了丈夫说的话，觉得是应该好好规划一下，充满热情地生活，才是对自己负责。丈夫加班回来后，她把自己的想法告诉他："一直以来我都有一个梦想，就是开间花店，因为我很喜欢花。而且附近没有人开花店，生意一定会很好。”丈夫听后，觉得妻子的想法很不错，十分支持她，并帮助她把花店开张。

果然，妻子的决策是正确的，由于附近没有花店，当妻子的花店一开，生意特别好，来买花的人络绎不绝，妻子像丈夫一样忙忙碌碌，她觉得十分开心。

几个月后，丈夫替她的花店算了一笔细账，结果发现不但没赚钱，反而赔了不少。虽然不知道是哪个环节出错了，但丈夫知道妻子根本不是经商的料。可丈夫认为只要妻子开心就好，就没去查哪个环节出错。

后来，有一个朋友问他：“听说你老婆开花店了，现在还在开吗？”

“当然，现在还开。”他微笑道。

“那么，是赚还是赔呢？”

他坚持说赚，但朋友不相信，追问了好几次，他才坦白：“虽然没赚到钱，但她赚到了快乐，我觉得很值，你说呢？”

是啊，能得到快乐，就算亏钱又如何呢？人活着一辈子不就是为了追求快乐和幸福吗？而我们当下所做的工作，是为了努力赚钱，赚钱是为了满足自己的物质需求，满足物质需求是为了更好地追求快乐，可见，到头来，我们的最终目标就是快乐。

萧伯纳曾说：“让自己忙起来，是保持快乐的秘诀之一。”这句话很好理解，当忙碌占据了生活的很大一部分时，你怎么会有时间去想自己到底快不快乐呢。因此，当你感觉自己不快乐或者走不出一段阴霾时，不妨让自己忙碌起来，那时候你会发现，天是蓝的，云是白的，心情也会随之愉悦。

快乐是件充满魔力的东西，拥有它的人总是笑呵呵的，似乎永远没有烦恼；觉得自己不快乐的人，成天皱着眉头，食之无味，感觉很糟。

这里有个经典的小故事。有一天，一个基督教徒问牧师天堂和地狱有什么区别，于是牧师就把这个基督教徒带到了地狱之中。在地狱中，教徒看到有一口大锅，里面盛着丰盛的食物，地狱里的每一个人都拿着一把长长的勺子去舀食物，但是由于他们拿的勺子上的把太长，所以不能将舀到的食物送入嘴中，结果只能眼巴巴地看着可口的食物挨饿。从地狱出来之后，牧师又将基督教徒带到了天堂，在天堂之中，同样有一口大锅，里边也盛着同样丰盛的食物，在天堂中生活的人同样也拿着一把长长的勺子，他们开心地享受着食物。天堂的人为什么那么开心呢？原来在天堂里生活的人都是互相喂对方食物吃的，所以在天堂中就没有饿肚子这回事了。

这个故事给我们的启示就是，在维持良好的人际关系过程中我们首先应该遵守“互利互惠”“相互尊重”的原则，就是说谁都不要有占人便宜的心态，要做到该掏钱的时候就掏钱，该出力的时候就出力，要懂得尊重对方，即使他是一个很不起眼的小人物。只有这样，我们才会觉得快乐。

一个美好的人，要内外兼修

一个人从出生便意味着人生的开始，也意味着修行的开始。无论一个人出生在何地，只要他在人生的路上坚持修身养性，迟早会得到人们的尊重和掌声。

一个笑容可掬、言谈举止优雅大方的人，总是会给他人留下好印象，这种好感来源于外在的相貌和气场，能让人与人之间的交往变得更加融洽。但一个好的印象还远远不够，就像一座房子，若只有漂亮的空架子，华而不实，风吹即倒，那自然不行。因此，只有内外兼修，做一个外在优雅、内在有涵养的人，方能笑傲人生。

在王僧虔身上，曾经发生过这样一场比试，南齐皇帝萧道成要王僧虔和他比试草书。但王僧虔是一个不懂得阿谀奉承的人，虽然知道和自己比试的人是当朝的皇帝，也并没有客气。比试开始后，王僧虔在文武百官面前像平时一样，态度十分的认真，丝毫没有半点儿的畏惧。只见他挥一挥手就写出了一幅浑厚淳朴的楷书和一幅游龙走凤的草书。文武百官见了他的书法都惊叹不已，同时也为王僧虔捏了一把汗。满朝文武还没有一位敢于与皇帝争高下的人，难道他不知道自己的对手是至高无上的皇帝吗？倘若他真的赢了皇帝，那怎么得了！

等到王僧虔和萧道成都写完之后，萧道成问文武百官谁的书法写得好，文武大臣都知道萧道成的书法水平确实不如王僧虔，因此文武大臣都吞吞吐吐不知道该说什么才好。

这时，王僧虔仔细看了看萧道成的书法，笑着回答道："微臣的书法是第一，陛下的书法也是第一。"萧道成听了他的话之后问："世上哪有这个道理，两个人比赛怎么可能都得第一呢？"

王僧虔笑了笑说道："那么，世间又怎么会有皇帝屈尊降贵与微臣比赛之理呢？其实微臣所说的陛下第一，是指您与其他帝王相比，而微臣第一，是指臣与其他大臣相比。"在场的文武百官听了他的话之后，全都舒了一口气。这个事例说明了王僧虔在与皇帝比赛的时候，既对皇帝表现出了自己的敬重之心，同时还使皇帝对于自己的敬重之心感到无比的真实，并不是因为对方是皇帝就阿谀奉承，这样的做法实在是高明至极。王僧虔当然得到文武百官和皇帝的赞同与认可。

看完这个故事的人，自然会对王僧虔的做法表示钦佩，原本惊险的局面却被他一两句话化险为夷，令人震惊。但仔细端详，不难发现，他之所以有如此高超的处世智慧，完全来源于自身内在的修炼。如此一来，他在书法上的修炼应该称之为外在了。

想要内外兼修，还有一个比较重要的方法，就是如何做到外圆内方，厚结人缘。方为做人之本，圆乃处世之道，只有做到外圆内方，厚结人缘，才能使你在成功的道路上走得更远，走得更长久。

王僧虞与皇帝萧道成之间的实例说明了下级在生活、工作之中应该对上级抱有尊敬之心。但是反过来，上级对下级也不能一味地苛求，要学会尽可能地多多包容下属，体谅下属，对他们多一些赞扬。这样下属对你也会多一些感激，才会更好地完成你所分配的工作。相反，如果你对员工经常大呼小叫的话，就会引起员工的怨恨以及愤怒，久而久之你就会失去人心，或者引发种种对立情绪。

在人际交往中，谁都想给他人留下一个好印象，有个好人缘。一个人的人缘好坏，直接反映他在处理人际关系时的能力和水平，也直接反映了这个人的修养。那么怎样才能赢得好人缘呢？就要做到以下几点。

诚实待人。为人处世应保持诚实的美德，与他人交往尤其要以诚相待。虚伪、表里不一的人只会被人疏远。诚实是你赢得好人缘的第一原则。

始终守信用。守信用是一种美德。人们常以讲信用来表达对别人的尊敬。言而无信的人历来受到人们的指责。当某人赴约迟到时，所有等着他的人都会认为这是一种无礼的行为，除非发生了什么重大的意外，否则一般人绝对不应找借口来为自己的迟到或失约行为开脱。如果确实发生了意想不到的事情，比如突然生病了，或临时加班等，都要想方设法提前通知对方，取消约会或推迟一下。跟人约好或答应的事，务必要守信。

不要在别人背后说三道四。不要传播人事是非、挑拨离间。

谨慎交友。别人对你的印象，在很大程度上是通过对你所交往的朋友的了解而产生的。俗话说：“物以类聚，人以群分。”什么样的人喜欢交什么样的朋友。如果别人看到你的朋友个个都很正派，有本事，自然不敢小瞧你；相反，假如你交往的圈子中全是些一事无成的人，恐怕别人对你的印象也就不会太好了。

待人热情，富有人情味。乐于助人，当别人有困难时，要尽力而为。

切忌炫耀自己。在社交场合，要注意谦虚待人，不要把自己的长处常常挂在嘴边，老在人前炫耀自己的成绩。如果一有机会就说自己的长处，无形之中就贬低了别人，抬高了自己，结果反被人看不起。

切忌夸夸其谈。有的人在与别人交往中，为了显示自己“能说会道”，便喋喋不休，没完没了地长篇大论，这种人会给人不够稳重的印象。

只有我们学会了积淀人情，才能使自己在做事的时候更加容易。你完全可以利用这些人情来达到你做事的目的，从而使你真正地走向成功。

此外，“心态”也十分重要。很多人每天吵着要做强者，面对挑战时心态却是极其消极，有的不敢展示自己，有的“人云亦云，唯唯诺诺”。

这样的人别说是成功，恐怕就是一项简单的工作也无法做好，那怎么能够在竞争激烈的时代里站稳脚跟呢？要想成功，心态不但要健康，而且要积极。这种积极不是“尝试”，而是满怀信心获取胜利。尝试的结果往往是失败的，因为尝试是在好奇心驱使下产生的，要在事业上有所成就凭借的不是好奇心，而是专业素养和对自己的信心。这样才能做到“动于九天之上”。

难道说仅有好奇心就能让你做出雷霆般的攻击吗？要想迅捷、有效地完成任务，必须经受长期训练。很多成功人士的胜利显然不是在好奇心的驱使下创造出来的。

我们要想成功，唯一依靠的只有自己的能力。如果能力不够，就赶快“充电”。自己的能量不断加强，内外兼修，才有机会赢得属于自己的人生。

多年以来，我们一直受儒家“和为贵”思想的影响，为人处世上总是谦逊有加，这固然是一种美德。但要知道，在高速发展的今天，无论投身哪个行业，无异于进入一个战场。在人生的一个个“战场”上，只有体现更多的勇气和智慧才有可能胜利。一味地谦恭其实就等于把一次次胜利的机遇交给别人。

所以克服谦虚的被动心态，积极主动地应对人和事，或许大家更喜欢你的坦诚和直率，也许会因此取得意想不到的收获。这岂不是两全其美的事情吗?

每个人成功的原因也许不尽相同，但失败的原因无不是为被时代抛弃。所以我们既不要亦步亦趋地跟着时代跑，也不要一条道路走到黑，这都不是成功人生的状态，真正的成功人生应该和自己身处的时代紧密联系在一起，发现它缺少什么也就明白自己该干什么，要记住明天永远是新的，因此机遇从来都不会只出现在今天。如果今天自己是个失败者，那么掌握成功人生法则的你在明天就可能得到成功的青睐。

记住“信心比黄金还重要”这句话，信心就是你通往成功道路上最有价值的“帮手”。

只要拥有信心，任何挑战都不过是一个又一个被你征服的“对手”。只要敢于面对挑战，你就会发现，随着一次次成功地征服，信心就会成为自己内心深处的一曲战歌。当它在你胸中豪迈响起，眼前就算有险阻，在你自己看到的未来依然是一片坦途。

当然，所谓内外兼修，要修炼的东西还有很多很多，甚至包括对自身优势的发扬以及弱点的改变。但不管是哪种，我们都需要投入十足的热情进行修炼，迎着希望前进。

与其说成功是获得一定的财富和地位，倒不如说成功是一场个人的修行。修行到了一定程度，该来的东西迟早会来。

在路上，
遇见心想事成的自己

封面设计：桃　子
版式设计：刘晓东
文字编辑：薛金博
美术编辑：周邦雄
插图绘制：多多卡通